KB044412

않습니다.

도시를 바꾸는 공간기획

지속가능한 공간을 만드는 콘텍스트, 콘텐츠, 커넥션의 프레임

도시를 바꾸는 공간기획
지속가능한 공간을 만드는 콘텍스트, 콘텐츠, 커넥션의 프레임

2021년 6월 29일 초판1쇄 발행

지은이 이원제
펴낸이 권정희
책임편집 김은경
편집팀 이은규
콘텐츠사업부 박선영, 백희경
펴낸곳 ㈜북스톤
주소 서울특별시 성동구 연무장7길 11, 8층
대표전화 02-6463-7000
팩스 02-6499-1706
이메일 info@book-stone.co.kr
출판등록 2015년 1월 2일 제2018-000078호

'쏘스'는 콘텐츠의 맛을 돋우는 소스(sauce), 내 일에 필요한 실용적 소스(source)를 전하는 시리즈입니다. 쿡 소스를 찍어먹듯, 사부작 소스를 모으듯 부담 없이 해볼 수 있는 실천 가이드를 담았습니다. 작은 소스에서 전혀 다른 결과물이 나오듯, 쏘스로 조금씩 달라지는 당신을 응원합니다.

북스톤은 세상에 오래 남는 책을 만들고자 합니다. 이에 동참을 원하는 독자 여러분의 아이디어와 원고를 기다리고 있습니다. 책으로 엮기를 원하는 기획이나 원고가 있으신 분은 연락처와 함께 이메일 info@ book-stone.co.kr로 보내주세요. 돌에 새기듯, 오래 남는 지혜를 전하는 데 힘쓰겠습니다.

* 본 도서는 상명대학교 교내연구비 지원을 받아 제작되었습니다.

004

도시를 바꾸는
공간기획

sauce
as a
source

내 일에 필요한
소스를 전합니다

이원제 지음

북스톤

동네가 도시를 바꾼다

언젠가부터 저녁 약속이 생기면 정해진 시간보다 30~40분쯤 먼저 도착해 식당 주변을 천천히 돌아다니며 동네 분위기를 파악하는 취미가 생겼다. 그 무렵의 주택가는 차도 많이 다니지 않아 걷는 것만으로 고즈넉한 시간을 즐길 수 있다. 때로는 역에서 조금 떨어진 곳으로 약속을 잡는 것이 장점이 되기도 한다. 주택가였던 동네가 시간이 흐르면서 레스토랑이나 사무실로 바뀌는 모습을 관찰하며 걷다 보면, 약속장소에 가기까지의 여정과 동네의 맥락이 그날의 모임에 적지 않은 영향을 미친다는 것을 알게 된다. 휴일이나 시간이 날 때마다 평소 가보고 싶었던 동네의 구석구석을 돌아보며 변화와 분위기를 관찰하는 일은 나의 큰 즐거움 중

하나다.

내가 처음 도시에 관심을 갖게 된 것은 각 도시의 유명한 랜드마크 건축물에 대한 호기심 때문이었다. 렌조 피아노Renzo Piano, 노먼 포스터Norman Foster, 프랭크 게리Frank Owen Gehry, 장 누벨 Jean Nouvel과 같은 유명 건축가들이 디자인한 하이테크 건축물을 보기 위해 기꺼이 비행기를 탔다. 그들의 건축물을 보며 문화적 충격까지는 아니어도 충분한 자극과 영감을 받았다. 2007년 도쿄의 롯폰기힐즈도 그중 하나였다. 호텔과 오피스, 각종 상업시설과 F&B 시설, 광장, 갤러리 그리고 녹음 공간이 한데 모인 믹스드유즈Mixed Use 단지는 분명 도심인데 어느 소도시처럼 느껴졌다. 롯폰기힐즈에 감명을 받고 그곳과 비슷한, 큰 규모의 도시개발 공간들을 다녀보기도 했다.

다만 시간이 흐를수록 대규모 개발이나 유명 건축물보다 그곳에서 한발 떨어진 우리가 사는 동네, 그 지역의 생활감이 느껴지는 곳들에 관심이 가기 시작했다. 요즘 도시에는 전부 가보기도 어려울 만큼 화려한 공간들이 생겨나고 있지만, 삶 자체를 느끼기란 어렵다. 도시도 결국은 하나의 동네이자 우리가 살아가는 공간인데 말이다.

20세기 말, 21세기가 되면 우리가 사는 세상이 크게 변할 것이라 예상했다. 그러나 기술은 발전했지만, 우리의 삶을 완전히 바꿔놓지는 못했다. 우리는 여전히 20세기에 지어진 건물에서 살고 있다. 오히려 새로운 건물을 짓는 대신 오래된 건물을 고쳐 쓰고, 자신이 사는 동네를 더 살기 좋은 곳으로 만들고 싶어 한다. 세계 곳곳에 100층 이상의 건물이 들어서고 있지만, 많은 이들이 오히려 옛 건물을 되살려 현대 생활에 맞게 고치는 도시재생과 재생 건축에 신선함을 느끼고 관심을 갖는다. 우리가 공간을 다니며 좀 더 인간적인 분위기를 느끼고 싶어 하는 것도 이러한 정서와 맞닿아 있다.

우리의 삶이 하루하루 달라지듯 동네도 달라진다. 동네가 변화하면서 지금껏 없었던 새로운 집단의 사람들이 이주해 오면 처음에는 동네의 생태계가 흔들리는 것처럼 보인다. 익숙했던 가게들이 사라지고 외부인을 위한 곳들이 들어서면 원주민들은 당황할 수도 있다. 그러나 그 가게들이 동네에 뿌리를 내리고 공동체의 일원이 된다면 그런 변화를 반대할 주민은 없을 것이다. 기존의 모습을 유지하면서 자연스레 변하는 지역, 기존의 주민과 이주민이 함께 만들어가는 동네에서는 과거와 현재의 공존이 느껴진다. 오랫동안 머물고 싶고 다시 찾아오고 싶고, 그 동네를 즐기고 싶어진다.

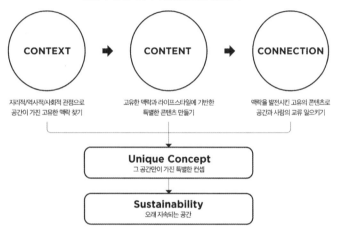

지속가능한 공간을 만드는 **3-CON FRAME**

[con-] : '함께', '서로'의 의미를 갖는 Greek 계열 접두어

CONTEXT ➡ **CONTENT** ➡ **CONNECTION**

지리적/역사적/사회적 관점으로
공간이 가진 고유한 맥락 찾기

고유한 맥락과 라이프스타일에 기반한
특별한 콘텐츠 만들기

맥락을 발전시킨 고유의 콘텐츠로
공간과 사람의 교류 일으키기

Unique Concept
그 공간만이 가진 특별한 컨셉

Sustainability
오래 지속되는 공간

그러한 곳들을 찾아다니는 동안, 동네에 새로운 물결을 일으키며 지역과 도시의 변화에 앞장서는 사람들에 대해 더 깊숙이 알고 싶어졌다. 그들의 공간기획에 대한 이야기를 나만의 시선으로 정리해 많은 사람들에게 전하는 것도 의미 있는 작업일 거라는 생각이 들었다.

우선, 지역적, 역사적, 사회적인 관점에서 그 공간만이 갖는 맥락Context이 있는지를 판단했다. 각각의 장소마다 토지가 갖고 있는 지역성이나 역사, 토지에 관련된 스토리는 그 공간 고유의 컨셉을 설정하는 데 핵심 역할을 하고 있었다. 다음으로는 공간의 맥락과 라이프스타일을 기반으로 사람들을 모을 수 있는 특별한 콘텐츠Content가 있는가? 마지막으로 콘텐츠를 통해 지역 주민들과 상호작용하며 연결되는Connect 공간인가? 이 3가지는 그 공간만의 특별한 컨셉을 구성하는 요소이자, 오래 보아도 질리지 않는, 즉 지속가능한 공간의 조건이기도 하다.

공간에 대한 진심이 통했던 것일까, 감사하게도 제안한 모든 분들이 흔쾌히 인터뷰에 응해주셨다. 중간주거라는 새로운 주거 형태를 만들어가는 문도호제 건축사무소, 도쿄 신키바에서 목재창고를 개조해 목재를 사용한 라이프스타일을 제안하는 편집숍 카시카, 인천 가좌동에서 화학공장을 개조해 만든 복합문화공간 코스모40, 시모키타자와에서 새로운 상점가를 만들어가는 보너스 트랙의 우치누마 산타로, 제주도와 서울 서촌에서 지역의 특성을 살린 스테이를 만들고 직접 운영하는 지랩, 도쿄 니혼바시 하마초에서 '마을 만들기'를 진행하는 UDS의 하마초 호텔, 서울 연희동에서 70여 채의 일반 주택을 개조하여 마을의 색깔을 바꾼 쿠움건축사무소, 30년 동안 도쿄의 다이칸야마에서 살기 좋은 동네를 만드는 데 앞장선 힐사이드 테라스까지, 모두 동네와 지역에 활기를 불어넣는 공간으로 우리가 사는 도시를 바꾸어가는 사람들이다.

　다양한 공간에 대해 다양한 사람과 이야기를 나눈 결과, 결론은 하나였다. 도시의 미래는 멀리 있지 않다는 것이다. 결국 내가 사는 동네를 좀 더 살기 좋은 곳으로 만들려는 개개인의 노력이 도시를 바꿀 수 있다. 이 책을 그러한 노력의 일환으로 바라봐준다면 더할 나위 없이 기쁠 것이다. 지금 우리에게 필요한 것은, 동네와 도시를 좀 더 알아갈 수 있는 시간과 공간이다.

이원제

동네와 집이 만나는 접점,
중간주거 프로젝트

은평구 응암동의 '여인숙'을 발견한 것은 말 그대로 우연이었다. 불광천이 흐르고 다세대 주택과 빌라들이 늘어선 동네에서 발견한 여인숙은 굉장히 이질적이었다. 진한 회색과 흰색의 4층짜리 건물은 길 가던 사람들의 눈을 사로잡기에 충분했다. 강남이나 이태원 같은 동네에서 볼 법한 세련된 건물이 어떤 목적으로 주택가에 세워졌는지 궁금했다. 인터넷을 검색해보니 바로 알 수 있었다. 건물을 설계한 사람은 문도호제 건축사무소의 임태병 소장이었다.

임태병 소장은 2016년 문도호제로 독립하기 전까지 SAAI 건축에서 홍대 앞의 '동네 건축가'로 일해왔다. 그가 만든 건물로

도심의 소박한 연대, 어쩌다 가게 동교. ©ChoJaeYong

어쩌다 가게 동교의 야경, 밤이어도 사람들의 활기가 느껴진다. ©ChoJaeYong

는 동교동의 '어쩌다 가게', 서교동의 'A.P.C. 홍대 지점', 합정동의 '메종 키티버니포니 서울' 등이 잘 알려져 있다. 그중에서도 동교동의 어쩌다 가게는 2층짜리 양옥집을 리모델링하여 총 9곳의 가게가 입점한 건물로, 2014년 완공된 후에도 언론의 주목을 받았다. 그가 사무실을 나온 다음에도 어쩌다 가게는 망원동, 서교동에서 계속 탄생했다.

그가 어쩌다 가게라는 콘텐츠를 만들 수 있었던 것은 사실 홍대의 전설적인 카페 '비하인드'를 창업한 경험 덕분일 것이다. 2001년 처음 홍대 거리에 나타난 비하인드가 홍대생들의 마음을 사로잡는 데는 그리 오래 걸리지 않았다. 카페 중앙에 놓인 8명이 앉을 수 있는 커다란 테이블은 처음엔 아무도 거들떠보지 않았지만 어느덧 원룸에서 생활하던 홍대 학생들의 거실이 되었다.

지금이야 노트북이나 태블릿을 들고 카페에서 공부하거나 일하는 게 일상이 되었지만 약 20년 전만 해도 흔치 않은 일, 카페란 그저 담배를 피우거나 친구들과 만나는 장소일 뿐이었다. 카페에 두세 시간씩 앉아 있는 사람은 없었다. 누군가를 만나기 위해 찾는 곳이었지 혼자만의 시간을 보내는 곳이 아니었다. 그런 시절에 비하인드는 새로운 카페 문화를 만들었다. 커다란 테이블 외에도 맛있는 커피와 디저트, 그리고 좋은 음악과 인테리어 등 모든 것이 매력적인 공간이었다.

지금은 문을 닫았지만 A.P.C. 홍대 지점이 있던 서교동은 전형적인 홍대 앞 거리였다. 프랜차이즈 가게와 술집, 식당, 옷가게 등 어느 번화가에서나 볼 수 있는 가게들이 즐비한 골목에 임태병 소장이 설계한 건물이 들어서면서, 비슷한 분위기의 건물과 가게들이 뒤를 이었다. 합정동에 위치한 메종 키티버니포니 서울 역시 서교동과는 다른 분위기의 평범한 주택가였지만, 이곳도 마찬가지로 비슷한 느낌의 건물과 가게가 들어서면서 많은 사람이 찾는 동네가 되었다. 동네는 임태병 소장이 설계한 건물이 중심이 되어 그의 색깔로 물들어갔다. 그가 지은 건물의 외관은 감각적이었고, 건물 내부로 들어가면 매력적인 콘텐츠가 있었다. 그가 단순히 설계만 하는 건축가가 아니라 건물의 외관은 물론 콘텐츠에 대해서도 고민하는 기획자임을 알 수 있는 대목이다.

이렇게 그는 오랫동안 '홍대 앞'이라는 동네에 뿌리를 내리고 동네 건축가로 일하며 동네의 문화를 바꿔나갔다. 홍대는 서울 최고의 번화가인 동시에 젊은이들의 독립적인 문화가 살아 있는 곳이며, 임태병 소장의 카페 비하인드나 건물이 이 문화에 영향을 미친 것은 분명하다.

독립 후 그는 '중간주거 프로젝트'라는 이름으로 집의 새로운 형태를 시도하고 있다. 은평구 응암동에서 발견한 여인숙도 이 프로젝트 중 하나였다. 중간주거 프로젝트란 과연 무엇일까? 여인숙 2층의 문도호제에서 중간주거 프로젝트에 관한 다양한 이야기를 들을 수 있었다. 현재 완성된 중간주거 프로젝트의 건물은 용산구 해방촌의 '해방촌 해방구', 은평구 응암동의 '풍년빌라'와 여인숙이다.

처음 완성한 해방촌 해방구는 도심에 자리잡은 세컨드하우스다. 흔히 세컨드하우스라면 정원이 넓은 교외의 단독주택을 떠올리기 쉬운데 해방촌 해방구는 정반대다. 클라이언트의 집에서 버스로 쉽게 오갈 수 있는 곳에 위치한 이 집은 10평 땅에 세워진 아주 작은 4층 건물이다. 1층에는 주방과 다이닝이 있고, 2층은 서재, 3층은 침실, 4층은 다락방이다. 이 집의 가장 큰 특징은 1층에 신발을 신고 들어가는 것이다. 우리나라 사람에게 집에서 신발을 신는다는 것은 거부감이 들 수도 있지만, 임태병 소장의 제안을 클라이언트가 받아들인 덕에 새로운 공간이 탄생했다. 그 결과 1층은 누구든 쉽게 찾아와 이야기를 나누고 차를 마시거나 식사를 하는 커뮤니티의 장소가 되었다.

집의 새로운 형태를 발견한 그는 자신이 사는 집에서도 신발

신는 공간을 실험해보기로 한다. 마침 장기투자 겸 후배들을 위해 싸고 좋은 집을 제공하고 싶다는 클라이언트를 만나 풍년빌라를 건축할 수 있었다. 임태병 소장의 가족은 풍년빌라의 1층과 2층을 쓰는데 1층의 주방, 다이닝 그리고 거실은 신발을 신고 생활하도록 설계했다. 2층은 가족들의 침실이며, 2~3층은 일러스트레이터가, 3~4층은 방송작가 부부가 사용한다. 일러스트레이터는 2층의 주방과 다이닝에서 신발을 신고 생활하며 방송작가 부부는 3층 미팅 룸에서 신발을 신는다.

세 번째 건물인 여인숙은, 같은 클라이언트가 풍년빌라를 짓고 남은 돈으로 근처의 땅에 지은 것이다. 정리하자면 해방촌 해방구는 세컨드하우스, 풍년빌라는 지인 공동체가 사는 다세대 주택, 여인숙은 근린생활시설로 게스트하우스와 주택이 복합된 건물이다.

그에게 건물에 대한 설명을 듣고 난 후, 중간주거라는 말이 한층 더 궁금해졌다. 왜 그는 자신이 지은 건물에 중간주거라는 이름을 붙인 것일까? 중간주거의 '중간'은 '메타페이즈Metaphase'로 세포분열의 중간 단계를 뜻한다고 한다. 처음 중간주거를 떠올린 계기는 노년이 되기 전, 중년의 마지막 시기에 접어든 세대의 '집에 대한 고민'이었다.

임태병 소장은 공동체가 살 수 있는 집, 공용 공간이 있는 집, 가벼운 집에 대해 고민하던 중, 현실적으로 볼 때 한국에서 집을 짓고 새로운 시도를 할 수 있는 세대는 노년에 접어들기 직전인 베이비붐 세대라는 걸 깨닫고 주거에 대한 그들의 고민을 새로운 형식으로 풀어보려고 시도했다고 한다. 2017년부터 시작된 하우스비전(HouseVision, 하우스비전은 2011년 '집을 통해 도시에 창조성을 불어 넣는다'는 목표 하에 일본디자인센터의 하라 켄야 대표가 기획했으며, 미래의 라이프스타일에 초점을 맞춰 커뮤니티와 땅, 건물의 가치를 재평가하는 작업이다. 우리나라는 2017년 2월 서울디자인재단이 일본디자인센터와 업무협약을 맺은 후, 건축가와 디자이너로 구성된 '하우스비전-서울 위원회'를 구성했으며, 2017년 한 해 동안 20여 명의 위원들이 10여 차례의 세미나를 통해 서울의 주거 환경이 당면한 과제를 진단하고 미래의 주거환경에 대한 토론을 벌였다.)에서 제안한 '홀가분 하우스'에서 생각이 구체화되었다고 한다.

또한 진행 중인 몇 개의 프로젝트와 관련하여 적당한 땅을 찾기 위해 서대문구 연희동을 돌면서 장성한 자식들이 떠나고 부모만 남은 가구가 많음을 알게 되었다. 노부부만 남아 관리되지 않은 집들을 보며 그들의 경제적 부담을 덜어줄, 조금 더 가벼운 형식의 주거를 생각하기 시작했다고 한다. 집과 호텔, 집과 상업시설, 혹은 집과 동네를 구분 짓는 것이 무엇일까 생각하면서 그 사이에서 유연하고 자율적인 선택이 가능한 공간을 확보해 그 운영과 조합방식에 따라 집의 일부가 동네의 커뮤니티 플랫폼으로 확장될 여지가 있는지를 실험했다.

중간주거 프로젝트 건물들의 가장 큰 특징이자 차이점이라면 1층은 모두 신발을 신고 들어갈 수 있다는 것이다. 1층은 사람들에게 개방되어 그가 추구하는 동네 커뮤니티의 플랫폼 역할을 한다. 사람들이 편하게 드나드는 이유는 풍년빌라나 여인숙의 1층이 카페인 점도 있지만 좀 더 근본적인 것은 신발을 신기 때문이다. 해방촌 해방구의 1층은 카페가 아닌데도 동네 사람들이 모이는 사랑방이 되었다. 주인이 사람들과의 커뮤니케이션을 좋아하고 사람을 환대하는 성격인 이유도 있지만, 그냥 가게처럼 신발을 신은 채 문을 열고 들어갈 수 있다는 점이 크게 작용했다.

1980년대 이전만 해도 동네마다 하나씩 있던, 슈퍼마켓 앞에 놓인 평상이 이런 역할을 했다. 지금은 편의점 앞 파라솔 테이블이 그 역할을 하고 있을지도 모른다. 하지만 대부분 도로에 있는 편의점과 그야말로 주택가 속에 있는 '집'은 분명히 동네 커뮤니티 플랫폼으로서 할 수 있는 역할이 다르다. 아무래도 후자가 다양한 연령대의 사람들이 성별에 관계없이 모일 수 있을 것이다. 편의점과 옆집은 다르기 때문이다.

앞서 보았듯 현재 그의 집과 사무실은 은평구에 있다. 홍대를 떠나 은평구를 선택한 이유는 그가 홍대 앞 동네 주민이었기 때문이다. 마포구 집값이 상승하면서 홍대 주변에 살던 많은 사람이 옆 동네인 서대문구나 은평구로 눈길을 돌렸고, 임태병 소장은 은평구에서 딱 알맞은 땅을 찾았다. 은평구는 전형적인 주거 밀집 지역으로 홍대 앞과는 동네 분위기가 완전히 다르다. 여인숙도 처음에는 이런 동네와 덜 어울려 더 눈에 띄었을지도 모른다. 하지만 시간이 지남에 따라 해방촌 해방구, 풍년빌라, 여인숙이 동네에 녹아들어 하나의 풍경이 된 것처럼, 그가 만드는 집이 점점 늘어난다면 서울의 또 다른 모습도 보게 될 것이다.

중간주거 프로젝트는 거창하다기보다는 나와 내 친구가 살 집을 만드는 작은 프로젝트일 수도 있다. 하지만 이렇게 우리가 사는 집에 작은 변화를 준 것만으로도 동네의 모습이 바뀐다는 것은 굉장히 흥미로운 일 아닐까? 항상 변화는 작은 것으로부터 시작되는 법이다.

(위) 드론으로 찍은 은평구의 여인숙. 주택가라는 맥락을 감안하면, 게스트하우스와 주택의
복합건물이라는 컨셉이 느껴진다. ⓒKimDongGyu
(아래) 방문객이 머무는 여인숙 스테이. ⓒKimDongGyu

앞에서 찍은 여인숙. 동네의 모습을 바꾸어간다는 말이 실감나는 외관이다. ⓒKimDongGyu

여인숙의 공용주거 현관. ⒸKimDongGyu

드론으로 찍은 풍년빌라. 일률적인 초록색 옥상 사이에서 회색 지붕이 눈에 띈다. ⓒKimDongGyu

풍년빌라의 1층 주거부 거실 및 주방공간. ⓒKimDongGyu

"제3의 공간 역할을 하는 집들이 모이면
또 다른 형태의 도시가 되지 않을까요."

이원제(이하 이) __ 길을 가다 엄청 멋진 건물을 보고 누가 지었는지 궁금해서 검색해본 적이 있어요. 그런데 건물은 눈에 띄는데, 사람이 안 보이니 갑자기 건물의 매력이 반감하더라고요. 겉모습도 중요하지만, 사람을 끌어모으는 매력적인 콘텐츠가 중요하다는 사실을 새삼 느꼈습니다. 이런 관점에서, 그동안 소장님이 하신 프로젝트를 통해 새로운 것들을 배우고 있습니다.

우선 홍대의 전설로 불렸던 카페 '비하인드' 이야기가 궁금한데요. 홍대에 새로운 카페문화, 즉 집이 아닌 카페에서 작업하는 문화를 처음 전파한 곳이라고 들었습니다.

임태병(이하 임) __ 카페 중앙에 8명 정도 앉을 수 있는 큰 테이블이 있었죠. 비하인드는 2001년에 생겼는데 그 시절에는 파티션으로 나뉜 카페가 대부분이었어요. 처음에는 당연히 아무도 안 앉았죠. 한 명이 앉아 있으면 사람들은 다른 테이블에 앉았어요. 그런데 1년쯤 지나니 사람들이 적응하면서, 서로 모르는 8명이어도 함께 앉더라고요. 산울림 소극장을 중심으로 주변에 인디 밴드나 홍대 미대생들이 살았어요. 그 동네는 비교적 임대료가 낮아서 작업실이 많았는데, 대부분 원룸이나 반지하에 사니까 다들 노트북을 들고 카페로 나오는 거예요. 그림 그리고 글 쓰고 디자인하는 친구들이 방이 작으니까 뭘 할 수가 없잖아요. 그래서 아침에 일어나면 다들 비하인드로 왔어요. 특별한 일이 없어도 오고, 작업하다 점심 먹으러 오고요. 지금 생각해보면 비하인드가 동네 사람들의 응접실이 된 거죠.

이 __ 직접 카페를 운영하게 된 계기가 있나요?

임 __ 그냥 개인적인 이유였어요. 원래 혼자 한 건 아니에요. 저를 포함해 친구와 후배, 넷이서 시작했죠. 다들 음악을 굉장히 좋아했는데 같이 모여서 한 달에 한두 번씩 음악도 듣고 집중토론을 해보자는 취지에서 시작했어요. 처음엔 장소가 없으니 빌렸는데 배보다 배꼽이 더 큰 거예요. 작은 공간을 임대하려니 마땅한 곳이 없었죠. 그러다 보니 면적이 커지고, 커피라도 팔아볼까 하면서 일이 커졌어요.

초반 1년 정도는 장사가 안 되어서 엄청 고생했어요. 그때부터 제가 직접 커피를 배워서 내리기도 했죠. 아무것도 몰라서 메뉴 연구를 위해 일본에 자주 갔어요. 비하인드를 준비하면서 메모했던 스케치북이 아직도 남아 있습니다. 참 열의가 대단했죠.

이 ＿ 우연히 시작했다고 하셨지만, 결국 비하인드를 운영하면서 한 경험들이 건축에도 영향을 미쳤다고 생각되는데요.

임 ＿ 제가 강연이나 공식적인 자리에서 항상 하는 말이 있습니다. 비하인드가 저의 모든 네트워크의 출발이자 끝이라는 거죠. 그때 같이했던 친구들이 다양한 분야에서 일했어요. 한 명은 음반회사, 한 명은 대기업, 한 명은 재단이었죠. 각자 다른 분야라서 맡은 일도 달랐습니다. 저는 디자인이 필요한 모든 것을 담당했고, 대기업 다니던 친구는 운영이나 회계를 맡았고, 재단에 다니던 친구는 홍보를 했죠. 와인을 잘 알아서 와인도 담당했고요. 음반회사에 다니던 친구는 당연히 음악 담당이었습니다. 각자 맡은 일이 있었기에 파생되는 네트워크도 꽤 있었지만, 가장 중요한 건 비하인드에서 일했던 친구들입니다.

비하인드는 홍대에 있다는 특수성 때문에 그곳을 거친 스태프 대부분이 홍대 미대생이었습니다. 보통은 카페에서 아르바이트를 해도 그때만으로 끝이 나죠. 그런데 다들 비하인드를 좋아해서 자기들끼리 네트워크가 있었어요. 서로 친구이자 아르바이트생 이전에 단골손님이었죠. 그때 그 친구들과 지금도 만나고 있습니다.

비하인드 스태프들 중에는 지방 출신도 꽤 있었어요. 그 친구들이 사는 집이 좋진 않았을 거니까 최소한의 월세만 받고 저희 집의 방 하나에 한 명씩 살게 했어요. 어떻게 보면 셰어하우스일 수도 있겠네요. 다들 수시로 드나들면서 저희 집이 스태프들의 사랑방이 되었습니다. 이를 계기로 가족에 대한 개념이 많이 바뀌었습니다. 부모님이 남양주에 계신데 자주 찾아뵙지 못했거든요. 그런데 이 친구들과는 매일 만나서 같이 밥 먹고 일상을 공유하다 보니 가족이 된 거죠. 서로 힘들거나 슬플 때마다 옆에서 편이 되어주는 사이죠. 굳이 혈연관계가 아니라도 새로운 가족이 될 수 있다는 걸 깨달았고, 그 생각은 지금도 변하지 않았습니다.

이 __ 지금 소장님이 하고 계신 '중간주거' 프로젝트의 시발점이라고도 할 수 있겠네요.

임 __ 자연스럽게 이 친구들하고 같이 살면 좋겠다고 생각했습니다. 저뿐 아니라 그때 일했던 스태프들도 마찬가지고요. 제가 건축을 하니 이걸 어떤 형식으로 풀어야 할지 고민했지만 사실 잘 몰랐죠. 그냥 이층집 하나 얻어서 2층에 각각 방 하나씩 갖고 다른 부분은 공유하면서 살려고 했는데 쉽지는 않았습니다. 그때는 저도 젊을 때라 돈도 많지 않았고, 스태프들은 모두 학생이었으니 자금 여유가 없었습니다.

계속 고민하면서 시간이 흘렀는데, 2012년에 일본에서 처음으로 셰어하우스가 나왔어요. 나루세 유리와 이노쿠마 준이 세운 나루세이노쿠마 아키텍츠예요. 셰어하우스에서 개인적으로 쓰는 건 침실과 화장실, 욕실이고 나머지는 공동으로 사용합니다. 2012년 서울에서 '한일건축교류전 전시'가 열렸는데 이걸 보고 충격을 받았죠. 궁극적으로 제가 해보고 싶은 일이어서 준비를 시작했지만 쉽지는 않았습니다.

왜냐하면 집이 무겁습니다. 무겁다는 건 일단 자가든 전세든 혹은 월세든 큰돈을 깔고 있다는 거죠. 5명이 1억씩 내서 5억을 만들면 집을 지을 수 있어요. 하지만 살면서 자금이 필요할 수 있는데 이걸 부동산으로 갖고 있으면 융통하기 어렵죠. 또 하나는 집은 살기 위해 필요한 곳이지, 이익을 내는 구조가 아니잖아요. 어떻게 하면 가볍게 만들 수 있는지가 제가 하는 일의 한 부분입니다. 비하인드도 그랬고 지금 하고 있는 프로젝트도 그렇죠.

이 __ '어쩌다 가게' 프로젝트가 소장님이 말씀하신 집을 가볍게 만드는 작업이었나요?

임 __ 집을 가볍게 만드는 것은, 저의 큰 화두였습니다. 다만 셰어하우스를 보고 저도 해볼 수 있지 않을까 싶어서 시작했는데 사실 만만치 않은 일이죠. 그래서 생각을 바꾸어 집이 너무 무겁다면 수익을 낼 수 있는 가게는 가능하지 않을까 싶었습니다. 그래서 '어쩌다 가게'를 떠올린 겁니다. 홍대에서 그 정도 위치에 가게를 얻으려면 월세나 보증금 등 개인에게는 부담이 크죠. 2014년 동교동에 생긴 '어쩌다 가게'는 총 9개 팀으로 구성되어 있습니다. 서점, 이발소, 초콜릿 가게, 실크스크린 작업실, 카페 등 절반이 비하인드 스태프들이었고, 나머지 가게들은 그들의 친구였어요. 사실 대단한 사회적인 반향이라기보다 그냥 제가 필요하다고 느꼈고, 같이 무언가 해볼 수 있는 출발점이란 생각이었어요.

이 __ '중간주거'의 실험인가요?

임 __ 실험이죠. 궁극적인 목표는 집이었으니까요. 이후 저는 사무소를 나와서 독립을 했고, 그때 비하인드 스태프까지 15명 정도

interview _ "제3의 공간 역할을 하는 집들이 모이면 또 다른 형태의 도시가 되지 않을까요."

가 모여서 조합을 하나 만들었습니다. 현재 집에서 사는 상황에서는 돈을 융통할 수 없으니 정부기관에서 지원을 받으면 되지 않을까 싶어서 만들었는데 그것도 여의치 않았습니다. 주택협동조합을 만들어서 지원을 받으면 계속 사업체를 유지해야 했거든요.

기관의 도움이 어렵다면 개인 투자자를 통해서라도 가능하겠다 싶어서, 개인적으로 사람을 만날 때마다 제가 하고 싶은 일에 대해 이야기했어요. 백 명을 만나면 백 명에게 말하는 식이었죠. 그럼 다들 듣고만 있다가 몇 년쯤 지나면 전화가 와요. 소장님과 비슷한 생각을 하는 사람들이 있으니 연락처를 주겠다고요. 풍년빌라도 그렇게 탄생했습니다. 풍년빌라의 클라이언트는 김은희 방송작가와 장항준 감독인데, 제가 술자리에서 말한 걸 잊지 않고 기억했다가 연락을 준 거죠.

이 _ '풍년빌라' 프로젝트의 시작이네요.

임 _ 여유자금이 생겨서 어디에 투자를 해야 좋을지 고민하다, 예전에 나눈 이야기가 생각났다며 상담을 해왔습니다. 우선은 가격이 싼 땅을 하나 사고 거기에 건물을 지어서 임대를 받고 운영을 하다 10년쯤 지나서 땅값의 변동 추이를 지켜보자고 이야기했습니다. 중요한 건 가능성이 있는 땅을 찾는 거죠. 10년 사이에 가격이 오를 잠재력 있는 동네를 찾으면 월세를 많이 받지 않아도 10년 후 시세 차익을 얻을 수 있으니까요. 그런데 김은희 작가는 또 다른 생각이 있었습니다. 본인이 보조 작가들과 생활하는데 이 친구들 형편이 썩 좋지 않거든요. 그래서 항상 자기가 성공하면 힘든 친구들을 먹여주고 재워주는 정도는 꼭 해줬으면 좋겠다고 생각했는데, 집은 어렵잖아요. 좀 더 좋은 조건의 집을 얻어주고 싶다는 생각이 있었던 거죠.

풍년빌라는 10년의 장기 투자와 작가들을 위한 좋은 주거를 충족하는 테스트로 시작된 겁니다. 현재 풍년빌라에는 저희 가족과 김은희 작가의 친구인 방송작가 부부가 살고 있어요.

이 _ '여인숙' 프로젝트도 클라이언트가 같죠.

임 _ 풍년빌라를 시작하면서 산 땅이 굉장히 쌌습니다. 처음 예산에서 약 30퍼센트가 남았죠. 어떻게 하면 좋을지 논의하다 주변에 비슷한 규모의 땅을 하나 더 매입하는 것으로 의견이 모아졌습니다. 당장 무얼 하기보다는 임대를 하거나, 나중에 작가들을 위해 집을 짓거나 또 다른 일을 도모하면 좋겠다고 해서 땅을 샀습니다. 풍년빌라의 진행이 마음에 들었는지 그 땅에도 건물을 짓자고 해서 여인숙이 만들어졌습니다.

여인숙이 5층인데 3~5층은 김은희 작가가 원래부터 생각했던 대로 작가들이 살고 있습니다. 2층은 제 사무실과 스테이 시설인 '여정'이 있고, 1층에는 카페가 있습니다. 이 3개 층의 주거공간은 작가들에게 좋은 환경을 제공한다는 원래의 취지에 따라 임대료를 비교적 낮게 책정했어요. 대신 저에게 임대해준 1, 2층은 주거가 아니라 수익을 낼 수 있는 프로그램을 배치하여 보완하고자 했습니다.

이 __ 지금보다 좀 더 큰 규모의 프로젝트도 있다면 좋겠다는 생각이 듭니다.

임 __ 실제로 클라이언트와 뜻이 맞는 사람 두세 명이 모여 좀 더 규모를 키우고 인테리어 비용을 줄이는 것도 좋지 않겠냐는 의견도 있었습니다. 풍년빌라에 직접 살아보니 하고 싶은 게 생겼습니다. 풍년빌라에 현재 40~50대 초반의 주민들이 살고 있는데 근처에 '만추장'을 하나 만들고 싶습니다. 60대를 위한 집이죠. 풍년빌라에서 살던 사람들이 10년 후 그곳으로 이사하면, 풍년빌라에는 또 새로운 40~50대가 들어오는 거죠. 근처에 젊은 친구들이 살 수 있는 집도 짓고 싶습니다. 60대부터 20대까지 같은 동네에서 상호보완하면서 살도록 운영하는 거죠.

이 _ 소장님을 표현하는 말 중에 '콘텐츠로서의 공간을 기획한다'는 문장이 있었는데, 소장님을 대변하는 말처럼 느껴졌어요.

임 _ 저도 멋진 공간을 만들고 싶긴 합니다. 어떨 땐 콘텐츠보다는 공간에만 힘을 쏟고 싶기도 하고요. 하지만 비하인드를 운영하면서 습관이 된 건지도 모르겠는데, 좋은 공간과 콘텐츠와 공간 모두 좋은 곳 중 선택해야 한다면 후자를 만들고 싶습니다. 좋은 공간을 만들려고 노력하지만, 결국 공간이 어떻게 쓰이는지에 따라 공간이 살아나니까요.

이 _ 느슨한 연대, 커뮤니티라는 말을 어떻게 생각하세요?

임 _ 혈연이 아니어도 식구가 될 수 있다는 것과 같은 맥락 아닐까요. 여인숙에서 스테이 '여정'을 운영하는데, 작년 크리스마스와 올해 1월 1일 모두 예약이 있었습니다. 외국에 오래 있다 오신 분이었는데, 코로나 때문에 국내에 들어와 가족들과 부대끼다 보니 혼자만의 시간이 필요해졌다고 하더라고요.

사람들이 집에서 하고 싶어 하는 것들이 대단한 게 아닙니다. 혼자 있거나, 잠을 자거나, 멍 때리거나. 생활이 개입되면 그러기가 쉽지 않죠. 가족은 느슨할 수가 없잖아요. 느슨한 연대란 일상을 공유하면서 정서적인 유대로 안정감을 얻는 것 아닐까요.

이 __ '여정'은 주말에만 운영하는데, 바쁜 와중에 직접 체크인 업무를 하시는 이유가 있나요?

임 __ 체크인하면서 사람과 마주하는 게 좋습니다. 제가 지은 건물에 대한 피드백을 직접 받으니까요. 체크아웃할 때 써주는 메모를 보며 보람을 느끼죠. 건축가는 다수의 사용자로부터 작업의 피드백을 직접 받을 수 있는 기회가 별로 없습니다. 특히 주거는 더욱더 어렵지요. 호텔은 비일상적인 공간을 만드는 건데 '여정'은 집에 속한 방 하나거든요. 손님 입장에서는 건축가가 지은 집에서 묵는 경험이 드무니까 피드백도 적극적으로 해주세요. 그 방이 사실 햇빛이 잘 안 드는데, 그곳에 머무는 분들이 주는 대부분의 피드백이 집의 모든 곳에 빛이 잘 들 필요는 없다는 거예요. 다음 작업을 할 때 이런 피드백에서 영향을 받습니다.

이 __ 어떤 분들이 주로 오시나요?

임 __ 연령대는 다양한데 20대에서 30대 중반 분들이 많이 오세요. 여성이 80퍼센트 정도로 많고요. 신기하게도 지방 분들은 10퍼센트 정도고 은평구 분들이 30퍼센트나 됩니다.

이 __ '중간주거'라는 단어는 소장님이 만드신 거죠?

임 __ 앞에서도 말씀드렸지만, 가벼운 주거에 대한 고민을 계속하다 2017년에 하우스비전을 시작했어요. 비하인드 식구들과 함께 살 집을 짓고 싶었으니까요. 끊임없이 고민한 결과가 풍년빌라와 여인숙이고요. 지금 종로구 청운동(고야네 집)에서 공사하는 집은 클라이언트가 베를린에 살아요. 대지를 매입하는 과정부터 제가 참여했고, 여기저기 돌아다니다가 연희동에 갔는데 매물이 꽤 많더라고요.

연희동은 주거전용 지역이라 건폐율과 용적률이 낮아서 정원이 넓고 2층짜리 양옥집이 많습니다. 주인들이 대부분 노인인데 자녀들이 어렸을 때는 문제가 없었지만 성장해서 집을 나가면 집이 골칫덩어리가 되는 거죠. 관리가 안 되니까요. 가보면 다들 정원은 방치되어 있고 2층은 창고로 쓰고 있어요. 관리도 안 되고 비용이 많이 드니 팔려고 내놓는 거죠. 집을 팔아서 일부는 서울이나 경기도에 작은 아파트를 사고, 나머지는 노후자금으로 쓰고 싶어 합니다.

그렇다면 이걸 좀 더 선순환화할 수 있는 방법은 없을까 생각하는 거죠. 2층이든 1층이든 일반 임대가 아니라 다른 방식으로 채울 수 있지 않을까 고민했습니다. 꼭 집의 형태가 아니라 작업실이 될 수도 있어요. 공방이나 회의실이 될 수도 있죠. 거실이 크면 코워킹 스페이스로 만들어도 되고요. 결국 집을 구성하는 핵심은 침실, 거실, 주방, 욕실과 화장실이에요. 여기서 호텔이냐 집이냐를 결정하는 부분이 주방이죠.

주방을 내가 쓰면 집이 되고, 남에게 빌려주면 호텔이 되는, 유연한 구조의 집을 만들면 어떨까 싶어서 주방과 다이닝을 물리적으로 독립시킨 거죠. 게다가 주방과 다이닝은 하루 세끼를 직접 해먹어도 서너 시간 정도만 쓰잖아요. 그 외에는 비어 있으니 그 공간을 다른 용도로 빌려주는 거죠. 연희동 주택이라면 집을 팔지 않고 적절한 생활비도 조금 보장받을 수 있지 않을까, 싶었습니다. 공식적으로 이런 주거형태를 부를 언어가 필요해졌고, 호텔과 집의 중간이라는 의미에서 '중간주거'라는 말을 쓰기 시작했죠.

이 __ '중간주거'의 첫 프로젝트가 '해방촌 해방구'죠. 설명을 부탁드립니다.

임 __ 마침 주방과 다이닝이 독립적으로 운영되는 건물을 지을 기회가 생겼어요. 퇴직한 대학 교수님이 세컨드하우스를 의뢰했는데, 용산구 해방촌의 딱 10평짜리 땅이었습니다. 총 4층인데 1층이 가장 넓어서 5.9평, 2층도 그 정도 되고, 3층과 4층은 더 줄어드는 거죠. 4층을 모두 합치면 다락방까지 포함해 총 18평입니다.

이 집의 목적은 '도심형 세컨드하우스'로, 클라이언트가 은퇴 후 시간을 보내기 위해 지은 겁니다. 먼저 세컨드하우스를 지은 친구들을 보면 대부분 경기도 외곽에 짓는데, 처음에는 손님들을 초대하지만 반년 정도 지나면 본인도 안 간다고 해요. 그래서 이분은 매일 오갈 수 있는 도심에 짓겠다고 생각하신 거죠. 그 아이디어가 너무 재밌어서 열심히 작업했습니다.

목적은 두 가지였습니다. 하나는 서재고, 하나는 손님에게 대접할 음식을 만들 수 있는 주방이요. 땅이 좁은 탓에 프로그램을 수평으로는 배치할 수가 없어서 수직으로 설계했죠. 1층은 주방과 다이닝, 2층은 서재, 3층은 거실, 4층은 침실, 이렇게 하나씩 정렬된 형태입니다.

이 __ '해방촌 해방구'의 가장 큰 특징이 1층에 신발을 신고 들어가는 건데요. 클라이언트를 설득하는 게 쉽지는 않았을 듯합니다.

임 __ 1층의 주방과 다이닝에는 손님이 들어와야 합니다. 클라이언트가 한 번에 8명까지 초대하고 싶어 했는데, 그 공간에서 신발을 벗으면 굉장히 혼란스러울 거 같았죠. 2층부터는 혼자 쓰는 공간이니 1층은 그냥 신발을 신고 들어오게 하면 좀 더 공간을 효율적으로 쓸 수 있고, 방문한 입장에서는 남의 집에 들어가는 부담을 덜 수 있다고 말씀드렸죠. 카페나 레스토랑처럼요. 클라이언트는 신발을 신고 들어오면 집에 초대받는 느낌이 나지 않을까 봐 걱정했지만, 결국 신발을 신는 공간으로 만들게 되었죠. 신발을 신고, 벗는 것이 저에게는 굉장히 중요했습니다. 이때 처음으로 주방과 다이닝을 독립시킨다는 개념을 실현해볼 수 있었고, 여기에 신발을 신는다는 개념이 추가된 거죠. 그렇게 완성됐는데, 1년 동안 약 200명이 다녀갔다고 해요. 클라이언트의 이야기로는 1층에 신발을 신고 들어가는 게 신의 한 수였다고 합니다.

이 __ 어떤 의미에서 신의 한 수인가요?

임 __ 남의 집에 초대받으면 선물도 준비해야 하고 부담이 있거든요. 초대하는 사람도 그렇고요. 그런데 신발을 신고 들어가는 것만으로도 문턱이 낮아진 거죠. 그냥 가볍게 들러서 커피 한잔 마시는 거죠. 친구나 친지뿐 아니라 여러 사람이 드나들게 된 거죠. 여기서는 벽 한쪽을 활용해 대학원 수업도 하고, 회사 회의도 하고, 동네 주민들이 관심을 보이면 초대해서 차도 마십니다. 사람과의 커뮤니케이션을 좋아하는 분이거든요. 신발을 신든 벗든 1층에 접근하기 쉬워지는 건축적 장치가 마련되어 있고, 운영하는 분이 활발하고 개방적인 마인드라면 동네에서 중요한 역할을 할 수 있겠다는 걸 깨달았죠.

이 건물을 주택이 아닌 근린생활시설로 허가받았기 때문에, 나중에 손님을 초대할 일이 줄어들면 그때는 1층을 원 테이블 레스토랑이나 작은 카페로 임대하거나 2층부터는 스테이 공간으로 활용해도 되는 거죠. 동네에 이런 건물이 몇 곳만 있어도 집의 형태가 달라지고, 동네와 집이 만나는 접점이 되는 거죠. 그러면서 동네 풍경을 바꿀 수 있지 않을까 생각하기 시작했습니다.

이 __ 직접 거주하시는 '풍년빌라'의 1층 주방과 다이닝도 같은 형태인 거죠?

임 __ 많은 사람들이 해방촌 해방구의 '중간주거' 실험이 성공한 것은 세컨드하우스였기 때문이라고 하더라고요. 이번에는 실제로 거주하는 데일리하우스에서 실험해보고 싶었습니다. 그런데 남의 집에서는 할 수가 없었죠. 저희 집은 세 식구가 사는데 1층의 주방과 다이닝, 거실까지 신발을 신고 들어갑니다. 2층에 사는 일러스트레이터의 집은 주방과 다이닝, 방송작가 부부는 서재와 탕비실을 겸하는 미팅 룸에 신발을 신고 들어갑니다. 처음에 제안했을 때는 충격적이라고 했죠.

설계는 김대균 건축가(착착 건축사무소 대표)가 맡았습니다. 저는 전체적인 방향을 가이드했고, 김대균 소장님이 건축적으로 멋지게 풀어주셨죠. 2년 정도 살아보니 다들 만족하고 있습니다. 처음 이사와서 3개월 동안은 신발 신는 영역을 어떻게 쓸지 몰라서 그냥 비워놨다고 해요. 그런데 살다 보니 너무 좋다는 거죠. 예를 들면 방송작가 부부는 개를 키우는데 산책 후 3층 미팅 룸에서 바로 개를 씻기니까 편한 거죠. 세탁실하고 연결돼 있어서 바로 빨래도 할 수 있고요.

해방촌 해방구에서는 단순히 집에서 주방과 다이닝을 공간적으로 독립시켰다면, 풍년빌라는 각 세대마다 조건이 달라졌죠. 현관이 확장됐다는 느낌입니다. 보통 현관까지는 신발을 신고 들어가는데, 라이프스타일에 따라 현관 사이즈를 조절하고 거기에 각자가 필요한 프로그램을 결합하면 중요한 역할을 할 수 있거든요.

다음부터는 필요에 의해 개방한 공간을 공적인 영역으로 확대한다면, 한 골목에 이런 집이 서너 채만 있어도 전혀 다른 형태의 마을이 될 수 있지 않을까 싶습니다. 지금 제가 하는 하우스비전에 접목하려고 하는데, 현재 진행 중인 농촌형에서 현관이 어디까지 확장될 수 있는지 확인하고 싶어요. 30평짜리 집이 있다면, 원할 때는 개인적인 공간이지만 필요할 때는 침실과 화장실을 제외하고 모두 공개해 그 공간을 공공의 용도로 사용하는 거죠.

이 _ '신발'이 사적인 공간과 공적인 공간을 규정한다는 게 재미있습니다.

임 _ 현관이 중요하잖아요. 한국이나 일본처럼 현관에서 신발을 벗는 문화권에서는 공기, 온도, 습도, 냄새 모든 것이 달라지죠. 그래서 이걸 바꾸면 주거가 바뀌지 않을까 하는 거죠.

이 _ 중간주거에서 소장님이 추구하는 '공용 공간'이란 무엇인가요?

임 _ 저는 공유 공간을 잘 안 만듭니다. 공용 공간은 필요하지만, 공유 공간은 책임의식과 주인의식이 필수여서 기본적인 감수성과 훈련이 중요하다고 생각하거든요. 그것이 결여된 상황에서는 욕심을 가진 누군가가 독점하거나 아예 버려집니다. 그래서 하나의 공간이 있으면 누구의 소유인지를 분명히 하는 거죠. 예를 들면 풍년빌라의 거실은 저희 집의 공간이지, 공유가 아니에요. 완전히 사적인 공간이라 제가 문을 닫아놓으면 저희 가족만 쓸 수 있는데, 문을 여는 순간 신발을 신고 들어올 수 있으니 공적인 공간으로 변하는 겁니다. 제가 필요에 의해 열고 닫는 것을 조절하면 사적인 공간이 되었다가 공적인 공간이 되었다가 하는 거죠. 그걸 조절할 수 있어야 중간주거 프로그램의 힘이 발휘될 수 있습니다. 그저 공유 공간이라고 던져놓으면 위험한 상황이 됩니다.

스테이 '여정'도 마찬가지입니다. 제가 문을 닫으면 완전히 개인적인 공간이지만 제가 문을 열고 공간을 허락하면 누구든 올 수 있습니다. 그게 바로 네트워크의 확장이죠. 현관이든 거실이든 주방이든, 집집마다 이런 공간이 있으면 동네가 바뀐다고 생각합니다.

이 __ 풍년빌라 1층에도 카페가 있는데, 같은 목적일까요?

임 __ 풍년빌라를 방문해보면 아시겠지만 대문을 열면 골목처럼 느껴지는 긴 진입로가 있습니다. 문이 닫혀 있으면 남의 집이라 못 들어옵니다. 하지만 카페가 있으면 누구든 들어올 수 있죠. 들어와서 집도 구경하고 커피도 마실 수 있죠. 그게 제가 원한 풍경입니다.

이 __ 한마디로 골목을 내준 거네요. 예전처럼 집과 동네 사이를 다시 맺어주는 것 같아요.

임 __ 과거에는 집과 직장이 결합된 형태였습니다. 집에서 일도

하고 잠도 잤죠. 그러다 현대사회로 들어서면서 직주분리가 시작 됐습니다. 일하는 곳과 잠자는 곳이 분리되면서 미술관, 도서관, 카페, 레스토랑 같은 공공 공간이 형성된 거죠. 건축에서 더 많은 사람이 공공 공간을 찾고 이용하는 것이 화두가 되었는데, 코로 나19를 겪으면서 완전히 다른 국면으로 바뀌었죠. 집이 좀 더 중 요해지고 공공 공간이 할 수 있는 역할이 줄었습니다. 물론 계속 이렇게 폐쇄적으로 살 수는 없겠죠. 지금까지 공공 공간이 맡았 던 제3의 공간 역할을 하는 집들이 모여 있다면 또 다른 형태의 도시가 될 수 있지 않을까요.

이 __ 앞으로의 계획이나 프로젝트에 대해 듣고 싶습니다.

임 __ 잠시 언급한 것처럼, 종로구 청운동에서 또 다른 중간주거 주택을 만들고 있습니다. 그리고 올해(2021년) 여름 혹은 가을(코 로나 상황에 따라 약간의 변수가 있지만), 충북 진천에서 열리는 '하 우스비전 코리아'에서 농촌형 중간주거를 실험할 계획입니다.

목재상이 모이는 동네의 변신,
편집숍 카시카

"큰 건물을 짓거나 재개발로 지역을 바꾸는 것이 아니라, 감각적으로 지역을 바꿀 수 없을까 고민했습니다. 고민 끝에 저희는 그 지역을 구성하는 사람들에게 주목했습니다."

2019년 가을, 도쿄 R부동산의 요시자토 히로야가 지식 콘텐츠 플랫폼 폴인의 스터디 '변하는 도시, 성공하는 공간 트렌드'에서 지역을 브랜딩해온 그간의 성과를 설명하면서 한 이야기다. 그는 도쿄에서 약 1시간~1시간 30분 정도 떨어진 곳에 위치한 '보소'라는 지역을 브랜딩한 이야기를 들려주었다. 그는 '트라이얼 스테이'라는 이름으로 이주를 검토하는 사람들이나 전원생활을 꿈꾸는 이들에게 그 지역의 빈 공간에서 살아볼 수 있는 기회를 주었다. 아울러 그 지역에만 존재하는 사무라이들이 살던 집들을 발굴해 체험 상품으로 만들었다. 오래된 지역을 갈아엎고 거대한 아파트나 상업지구를 건설하는 재개발이 아니라, 그 지역의 맥락과 특성을 감안해 새로운 공간을 탄생시킨 것이다.

편집숍 카시카^{CASICA} 역시 신키바라는 지역의 맥락을 살림으로써 사람들을 끌어모으고 지역을 활성화하는 곳이다. 카시카를 알게 된 계기는 인터넷에서 우연히 본 사진 한 장이었다. 고가구의 짙은 브라운과 식물의 그린, 조명의 옐로우, 그리고 공간의 아이보리가 자아내는 따뜻한 색감이 마치 동화책에 나오는 숲 속의 집처럼 느껴졌다. 앤티크 목재가구와 함께 디스플레이된 다양한 생활소품은 단순한 편집숍이 아니라 누군가의 집 같은 인상을 주었다. 외관은 더 매력적이었다. 기존 목재창고 건물을 그대로 살리고 있었다.

알면 알수록 이곳을 만든 사람이 궁금해졌다. 분명 무언가 특별한 스토리가 있을 거라는 직감이 들었다. 게다가 신키바라니 들어본 적도 없는 동네였다. 도대체 어떤 지역이기에 이런 공간이 생길 수 있었는지, 주변 맥락이 무척 궁금해졌다. 2017년 12월, 호기심을 이기지 못하고 일본 도쿄 고토구 신키바에 위치한 카시카를 직접 찾았다.

실제 방문한 카시카는 더욱 매력적이었다. 카시카 역 바로 옆에 위치한 신키바 역은 도쿄 지하철 유라쿠초 선, 게이요 선, 도쿄 임해고속철도 린카이 선 등 무려 3개의 철도가 만나는 곳으로, 그만큼 사람들이 방문하기에 좋은 조건이었다.

카시카는 그곳이 원래 목재창고였다는 사실을 숨기지 않았다. 기존 목재창고 건물의 외관을 거의 그대로 보존해 리모델링하여, 목재창고로 버텨온 역사는 물론 창고가 그동안 겪어왔던 변화를 즐길 수 있도록 디자인했다.

외벽은 옛날에 쓴 슬레이트 판자 그대로였고 녹슬어 열리지 않는 셔터도 그대로 두었다. 심지어 외벽에 남은 '福淸(후쿠키요)'라는 글자는 원래 그곳에 있던 목재 가게의 이름이다. 몇 년 후에는 덩굴로 뒤덮여 상호가 보이지 않을지도 모른다. 안으로 들어가니 오래된 나무 내음이 물씬 났다. 내부 대들보와 카페의 카운터와 테이블 모두 창고의 마루판을 가공하여 만든 것이다. 입구에 들어서자마자 보이는 오래된 가구들은 책장 역할을 하며, 카시카가 어떤 공간인지 바로 이해할 수 있도록 돕는다. 카페 카운터 벽면의 옛날 약장을 보면 카페에서 약선 메뉴를 제공한다는 점을 알 수 있다.

카시카가 위치한 신키바 지역은 교통이 좋긴 하지만 우리나라 사람에게는 굉장히 낯선데, 일본인에게도 마찬가지다. 하지만 오다이바의 국제전시장 근처라고 하면 쉽게 감을 잡는 이들도 있을 것이다. 신키바新木場의 한자표기를 보면, 이 지역의 옛 성격을 유추할 수 있다. 새롭다는 의미의 '신'이 있는 것으로 보아, 앞서 기바•라는 지역이 있었음을 유추할 수 있고, 목장木場이라는 한자로 보아 목재와 관련된 곳임을 알 수 있다.

추측 그대로 기바 지역은 일본 목재산업의 중심지였다. 일본은 에도 시대부터 주로 건축에 목재를 사용했는데, 섬나라인지라 해외에서 수입하는 목재에 의존할 수밖에 없었다. 기바는 바다와 접한 지리적 특성상, 목재를 말리고 보관하고 가공하는 목재창고와 공장이 600여 개나 성업했다고 한다. 1970년대 이 산업이 빠르게 성장하면서, 목재산업은 간척지인 인근의 신키바 지역으로 옮겨갔다. 이후 신키바는 목재산업의 핵심 지역으로 기능하며 기바의 역할을 대신했고, 더 많은 목재상이 신키바로 몰려들었다.

이런 역사를 가진 곳에 2017년, 카시카가 들어섰다. 카시카는 '가시화可視化'의 일본어 발음을 딴 이름으로, 컨셉 또한 이름 그대로 '살아온 시간과 공간을 가시화한다'는 것이다. 말 그대로 이어

• 한국어 외래어 표기법에 따라 '키바'가 아닌 기바로 표기한다.

카시카의 예전 모습, 목재창고로 쓰였음을 알 수 있다. ⓒcasica

현재 카시카의 외부 전경, 과거의 외벽을 그대로 살렸다. ⓒcasica

역 이름 중 '목장木場'에서 이 지역의 맥락을 유추할 수 있다. ⓒ이원제

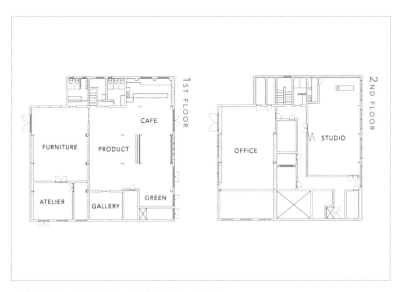

카시카의 다양한 콘텐츠 구성을 볼 수 있는 플로어 맵. ⓒcasica

져 내려온 과거를 보전하고 재해석하려는 노력이 곳곳에서 돋보였다.

카시카라는 공간을 연 곳은 영상제작업체인 타노시나루^{タノシナ}^{ル}로, 타노시나루는 간사이 방언으로 '즐겁게 하자'는 뜻이다. 타노시나루의 후쿠시마 쓰토무 대표는 TV 방송 제작과 이벤트 기획을 중심으로 웹 콘텐츠 제작과 서비스를 해오던 중 오프라인 매장을 기획했다고 한다. 딱히 만들고 싶었던 가게가 있었던 것은 아니고, 여러 가지 요소가 섞인 매장을 갖고 싶었다고 한다. 그는 신키바를 둘러보면서 과거의 흔적이 남아 있는 이 창고의 매력에 끌렸다.

이 프로젝트를 프로듀스하고 디렉션과 설계, 물건 구입, 점포 매니지먼트 등을 맡은 사람은 스즈키 요시오 디렉터다. 아내인 히케다 마이와 유닛 '서커스CIRCUS'로서, 점포설계와 기획을 맡아 구상 단계부터 프로젝트에 참여했다고 한다. 후쿠시마 대표는 영상회사답게 매장 이미지에 다양한 영상을 사용해달라고 부탁했다. 그중에는 파리의 편집숍과 일본 크래프트숍의 사진도 있었다. 이를 본 스즈키 디렉터는 '빛과 그림자가 있는 것', '서양과 일본을 절충하고 옛것과 새로운 것 어느 쪽으로도 치우치지 않게 한다'고 해석하여, 고가구와 골동품을 축으로 상품 구성을 제안했

다고 한다.

카시카에서는 고가구가 집기와 디스플레이 장의 역할을 겸한다. 그중에서도 눈에 띄는 것은 입구 바로 앞의, 오래된 옷장과 선반을 쌓아 만든 거대한 수납장이다. 이 수납장은 경매에서 고가구를 구입할 때마다 고쳐가면서 쌓은 것이라고 한다. 집기로 쓰는 고가구도 모두 판매하는 것이라, 팔리면 새로 산 가구로 바꾼다. 일부러 인테리어를 하지 않고 유연하게 변화를 줌으로써 매장의 신선한 분위기를 유지하는 한편 항상 새로운 것을 발견할 수 있는 상황을 만들어간다.

스즈키 씨의 이야기에 의하면 고가구와 골동품을 사는 사람은 백 명 중에 한 명이라고 한다. 그 한 명이라도 사게 만드는 것이 물건을 매입하는 사람의 센스다. 그는 '브랜드니까, 오래됐으니까'라는 이유로 가격을 매기는 대신, 사람들이 자신의 취향과 선호에 따라 선택하기를 바라며 물건을 구입하고 가격을 매긴다. 일부러 물건에 연도 등의 정보를 붙이지 않는 것도 그 때문이다. 마음에 드는 물건이라면 직원과의 대화를 통해 물건과의 거리를 서서히 좁히는 것이 중요하다고 믿는다.

카시카는 '살아온 시간과 공간을 가시화한다'라는 그들의 컨셉처럼, 시대도 장르도 국적도 초월한 아이템을 조화시켜 한 곳으로

카시카의 외부 테라스 공간. ⓒcasica

옛 가구를 쌓아서 만든 책장의 북 큐레이션, 책 선정은 외부의 북 큐레이터가 담당한다. ⓒcasica

카시카의 디스플레이. ⓒ이원제

카시카의 갤러리.
주기적으로 변하는 갤러리는 고객들의 재방문을 유도하는 콘텐츠 역할을 하고 있다.
ⓒ이원제

목재가구와 식물의 조화가 눈에 띈다. ⓒ이원제

약선 메뉴를 판매하는 카시카의 카페 겸 레스토랑. 자기 몸에 필요한 것을 스스로 골라 먹는 즐거움을 제공한다. ⓒ이원제

향하는 물건의 가치와 그들의 미의식을 전달한다. 오늘날 사람들이 원하는 것은 물건과의 만남을 바탕으로 한, 잘 연마된 감성의 체험일지도 모른다.

물론 쉽지만은 않다. 사실 일본 내에서도 목재창고가 들어서 있던 신키바에 대한 관심은 그리 크지 않았다. 이런 지역에서 어떻게 카시카라는 공간을 만들고 다양한 콘텐츠를 기획할 수 있었는지, 앞으로 카시카가 이곳을 어떻게 바꾸어 나갈지, 스즈키 요시오 디렉터와 이야기를 나눴다.

"백 명 중에 한 명이 열광적으로 좋아하는 것을 선택합니다."

이 __ 이곳은 원래 무엇을 하던 곳이었나요?

스즈키 요시오(이하 스즈키) __ 신키바라는 동네는 1969년 기바에 있던 목재상들이 이전하기 위해 만든 인공적인 매립지입니다. 가까이에 있는 바다에는 나무를 저장할 수 있는 저목장이 있고, 명목•이라 부르는 여러 종류의 목재와, 합판 같은 건축재를 취급하는 도매상과 창고가 늘어서 있습니다.

이 __ 목재창고를 선택한 이유는 무엇인가요?

___

• 형상·광택·나뭇결·재질이 진기하고 특수한 풍취가 있는 비싼 목재

스즈키 __ 카시카에서는 에도 시대부터 메이지, 다이쇼 시대까지의 가구와 골동품 등을 다양하게 취급하고 있습니다. 모든 물건은 목재로 만든 것이죠. 오래된 것을 소중히 계승하려는 저희의 의도는 매년 변하는 목재를 어떻게 즐길지와도 깊게 연결될 수 있죠. 그 이야기를 만드는 데 목재창고는 중요한 요소가 되고 있습니다.

이 __ 신키바를 선택한 이유는 무엇인가요?

스즈키 __ 목재 마을이라는 게 결정적이었습니다. 또한 지리적으로는 긴자와 가깝고, 오다이바의 국제전시장까지 전철로 두 정거장 떨어져 있어 전시회 갤러리로서도 입지가 뛰어났죠. 도쿄에서 비교적 큰 건물을 빌리기 수월하다는 점도 작용했고요. 또 한 가지는 '나무의 거리'라는 이미지는 있지만, 창고가 늘어선 거리였기 때문에 문화적 이미지가 정착되어 있지 않았다는 점입니다. 때로는 아무것도 없다는 것이 오히려 새로운 일을 시작하기에 장점이 되기도 합니다. '어디의 어느 거리에 가면 무엇이 있다'고 말할 수 있는 일종의 랜드마크가 되었다는 사실만으로도 일단 성공했다고 생각합니다.

이 __ 매장의 컨셉을 먼저 정하고 장소를 찾은 건가요?

스즈키 __ 동시에 진행했습니다. 처음 단계에서는 막연히 큰 공간에서 하나의 사물을 중심으로 한, 온라인 사이트에서는 느낄 수 없는 체험이 가능한 곳이라는 이미지를 그리고 있었습니다. 그런 이미지를 염두에 두고 여러 장소를 찾아다니던 중 신키바라는 거리를 만났고, 또 현재의 건물을 발견하면서 단번에 컨셉이 완성되었죠.

이 __ 신키바로 정했을 때 모기업인 타노시나루의 후쿠시마 대표의 반응은 어땠나요?

스즈키 __ 처음부터 좋다는 반응이었어요. 다만 처음에 상정했던 규모보다 훨씬 커졌기 때문에, 저희가 수익성에 대해 제안했습니다. 2층으로 오피스를 이전하고 임대 스튜디오로 수익성을 낼 수 있다는 식의 균형점을 제안했고, 이를 정식으로 승인받을 수 있었습니다.

이 __ 건물 리노베이션의 컨셉은 무엇인가요?

스즈키 __ 카시카에서는 고가구와 골동품을 주로 판매하고 있습니다. 오래된 것을 소중히 여기는 마음이 담겨 있죠. 건물도 전체를 무엇으로 덮거나 감추거나 깨끗이 만들기보다 세월에 따라 변하는 것을 소중히 여기고 있어요. 이를테면 외부에는 크게 '후쿠키요福清'라고 예전 목재창고의 이름이 적혀 있지만 굳이 지우지 않았습니다. 앞쪽 펜스에 얽힌 담쟁이 덩굴에서는 오랜 세월에 걸친 변화를 음미할 수 있고요. 가게의 성장과 함께 변하는 것들을 소중히 여깁니다.

이 __ 내부 인테리어에서 가장 중점을 둔 부분은 무엇인가요?

스즈키 __ 기본적으로 집기도 전부 매물로 취급하고 있습니다. 판매장의 카운터와 입구 가까이에 있는 큰 책장 외에는 전부 판매하는 물건이죠. 덕분에 가게가 멈춰 있지 않고 유동적으로 계속 변합니다. 공간을 너무 빡빡하게 설계하지 않고 여백을 만드는 것이 유동적인 변화에 적합한 형태라고 생각합니다.

이 __ 매장의 전체적인 컨셉에 대해 더 자세히 듣고 싶습니다.

스즈키 __ 매장은 고객에게 조금 불편합니다. 위에 매달린 바구니와 쌓아올린 상자, 서랍 속의 보이지 않는 상품, 한없이 간략한 설명. 그래서 손님과 스태프가 필연적으로 대화할 수밖에 없습니다. 그것이 고객에게 '인터넷에서는 겪을 수 없는 체험'으로 이어진다고 생각합니다. 또한 골동품과 현대 작가의 물건, 새것과 옛 것, 일본과 외국이라는 구분 없이 진열하고 있습니다. 에도 시대 의 양념장 그릇을 사러 간 사람이 우연히 현대 작가의 물건을 고 르기도 하고, 현대식 물건을 좋아하는 사람이 문득 옛날 물건을 고르기도 하죠. 손님들이 브랜드를 보고 물건을 고르거나 이미 마음에 정해두고 오는 것이 아니라, 직감으로 자신이 좋아하는 물건을 골랐으면 하는 마음이 있습니다. 개인적으로 아프리카 러 그와 일본식 옷장이 어울린다고 생각해서, 저희 집의 경우 일본 식 가구에 인더스트리얼 체코의 펜던트 조명이나 아프리카의 러 그 등 다양한 소품이 매칭되어 있습니다. 인테리어를 제안할 때 '어떤 풍'이라는 스타일이 아니라, 좀 더 자유로운 선택지를 제안 할 수 있는 가게가 되었으면 좋겠습니다.

　일본의 고가구는 다다미 문화에 맞춰진 것입니다. 지금은 입식 문화로 바뀌었고 가구의 의미도 달라졌기에, 고가구가 현대의 생 활에는 조금 맞지 않기도 합니다. 입구 정면의 큰 책장이 바로 그 런 예죠. 일본 고가구는 현대인이 사용하기에는 높이가 낮아서 가구의 높이를 조절하거나 아예 용도를 변경해 일본 가구의 재구 축을 표현했습니다. 고가구도 현대 생활에서 쓸 수 있다는 걸 보 여주고 싶었던 거죠.

이 __ 판매하는 상품은 직접 구입하나요?

스즈키 __ 상품은 경매 혹은 제휴한 업자로부터 구입하거나, 현대 작가의 작품은 직접 찾아가서 고르고 있어요. 해외에 가서 매입하기도 합니다.

이 __ 상품 구입 시 가장 중요하게 여기는 것은 무엇인가요?

스즈키 __ 순수하게 제가 좋아하는지를 기준으로 정합니다. 자기가 좋아하지 않는 것을 남에게 권하는 것이 어렵고, 팔리는 것만 늘어놓아서는 그 가게만의 개성이 사라지니까요. 인터넷 쇼핑이 일반화되면서 편집숍이 지루해졌다는 이야기도 나옵니다. 어디서든 쉽게 물건을 살 수 있고 비슷한 것이 많아졌으니까요. 옛날의 편집숍은 물건을 고른 사람의 의도가 잘 드러나거나 그 사람 자체였다고 생각하는데, 요즘은 그게 좀 약해진 느낌입니다. 자신이 선택한 것을 '어때요?'라고 권할 수 있는 자신감이 필요하죠. 이때 백 명 중 백 명이 좋다는 것만 찾아다니는 게 아니라, 백 명 중에 한 명이 열광적으로 좋아하는 것을 선택합니다. 그렇게 하지 않으면 어디든지 하나같이 비슷한, 재미없는 공간이 되어버립니다.

이 __ 매장에 들른 손님들이 주로 구입하는 물건은 무엇인가요?

스즈키 _ 정말 제각각입니다. 식물이나 목각 곰, 책, 작가가 제작한 그릇 등 여러 가지를 취급하고 있어요. 고객 취향도 각각이라 다양하게 팔 수 있습니다.

이 _ 매장을 운영하면서 특별히 신경 쓰는 원칙이 있나요?

스즈키 _ 원칙은 아니지만 저희가 취급하는 골동품 중에는 지금은 쓰지 않는 것도 많습니다. 그걸 어떻게 쓸지 생각하면서 즐기셨으면 좋겠습니다. 다도에서는 '미타테(보고 정함)'라고도 합니다만, 본래와는 다른 용도로 써보고 어떻게 쓸지를 스스로 정하는 겁니다. 저희는 이 물건을 이런 식으로 썼으면 하는 제안도 포함해 디스플레이하고 있습니다만, 그 외의 사용법도 고객과의 대화에서 태어납니다. 미리 단정하지 않는 것이 중요합니다.

이 _ 현실에 맞게 유연하게 대처하는 부분도 있나요?

스즈키 _ 가게에서 팔지 않는 물건이 있다면, 그것을 파는 다른 가게를 알려드리기도 합니다. 접객에 관해서는 파는 목적으로 접근하기보다 고객이 쇼핑과 공간을 즐기는 데 도움이 되어야 한다는 점을 우선시합니다. 그러다 보면 유연하게 생각하고 행동해야 할 일이 많이 있습니다.

이 __ 매장이 자리잡기까지 어려운 점은 없었나요?

스즈키 __ 신규 스태프는 모두 이 매장이 생기기 전에 모인 사람들이라 각자 자기 나름의 카시카를 상상하며 모였습니다. 골동품은 좋아하지만 현대 물건은 좋아하지 않는다는 스태프도 있었습니다. 하지만 우리 일은 미래의 골동품을 만드는 일이고, 지금 쓰는 물건도 미래에는 언젠가 골동품이 됩니다. 생산자나 생산배경을 지키는 것도 중요하다는 사실을 이해하면서 시각이 달라졌습니다.

이 __ 재정상의 어려움은 없었나요? 온라인 사이트의 매출도 궁금합니다.

스즈키 __ 제가 대답할 만한 위치는 아닙니다. 다만 신키바라고 하는, 아무것도 없는 장소까지 전 세계에서 꽤 많은 분들이 찾아옵니다. 기본적으로 온라인 사이트보다는 오프라인을 우선시하는 전략을 취하고 있습니다. 고가구와 골동품은 한 점씩 봐주는 것이 가장 좋고, 카시카에서 체험하는 것이 가장 좋다고 생각하거든요.

이 __ 손님의 재방문을 유도하기 위해 어떤 노력을 하고 있나요?

스즈키 __ 항상 매장을 바꾸고 있습니다. 집기도 판매하므로 분위기가 바뀔 수밖에 없지만, 갤러리와 연관시키거나 외부와 협력도 하고 있어요. 카시카를 단순한 가게가 아닌 하나의 상업시설로 보고 여러 가지 이벤트를 기획하고 있습니다.

이 __ 1층은 리테일 숍, 카페, 갤러리, 공방이라는 믹스드 유즈 시스템으로 구성되어 있습니다. 처음부터 이 네 가지를 염두에 두고 기획했나요?

스즈키 __ 건물을 정한 후에 구성했습니다. 서로의 편리성이나 수익성을 고려해 정했습니다. 2층에는 운영사인 타노시나루의 사무실과 스튜디오가 있습니다.

이 __ 네 가지 공간 중 손님의 반응이 가장 좋은 것은 무엇인가요?

스즈키 __ 스튜디오는 전문가들에게만 임대하고 있고 공방은 손님에게는 비공개이므로, 손님이 접하는 장소는 카페와 리테일 숍과 갤러리입니다. 매장이 큰 편이라 고객은 구경하다 카페에서 쉬기도 하고 보통 두세 바퀴 정도 돌면서 새로운 것을 발견하는 것 같습니다. 모든 공간은 항상 연동되어 있으므로 분리해서 평가할 수 없다고 생각합니다.

interview _ "백 명 중에 한 명이 열광적으로 좋아하는 것을 선택합니다."

이 __ 참고하는 다른 매장이나 추천하고 싶은 곳이 있다면요?

스즈키 __ 전 세계의 자연사 박물관은 항상 참고하고 있어요. 학술적으로 보이는 방법, 사물에 대한 대면법, 집기 등 모든 것이 참고 대상입니다. 프랑스 자연사 박물관이나 일본 킷테의 뮤지엄 인터미디어 테크와 도쿄대학의 시설 등도 영감을 받은 장소입니다. 유메노시마의 열대 식물원도 추천합니다. 울창한 녹음이 멋지거든요.

이 __ 모기업은 매장 운영에 얼마나 관여하나요?

스즈키 __ 기본적인 운영은 타노시나루가 맡고, 판매 스태프 역시 타노시나루의 사원들입니다. 기획과 매장설계는 저희가 맡아서 골동품 구입이나 물건 선정, 이벤트 기획, 갤러리 기획 등의 운영 지원을 하고 있습니다. 기획의 세세한 부분까지는 저희가 전적으로 담당하고, 인원의 배치나 교육 등은 서포트하는 정도입니다.

이 __ 모기업이 영상제작 업체라는 점을 컨셉에 활용했나요? 공방으로 목공소를 넣은 이유도 궁금합니다.

스즈키 __ 카시카란 가시화可視化이고, 영상의 본질 또한 가시화하는 것이겠죠. 직접적으로 영상과 연동하는 일이 많지는 않지만 촬영을 해주기도 합니다. 카시카의 요소는 크게 나누면 오피스(영상회사), 스튜디오, 카페, 숍(물건 판매), 목공소입니다. 목공소는 저희 주식회사 서커스가 임대 운영하고 있지만, 이 다섯 가지 요소가 다양하게 어우러져 관여하고 있습니다. 숍에서 판매하는 물건은 경매로 들어오는 것들이 많은데, 그중에는 수선이 필요한 가구도 다수여서 목공소에서 가구 장인이 고칩니다. 스튜디오에서 숍의 가구 등을 빌려서 쓰기도 하는데 목공소 팀이 설치하기도 하죠. 또 카페가 촬영 팀에 음료나 음식을 제공할 수도 있습니다. 카페에서 사용하는 식기류는 가게에서 판매하는 것도 있으므로, 미리 이미지를 파악하는 데 좋습니다. 오피스의 경우 이전에는 외부의 촬영 스튜디오나 녹음 스튜디오를 빌렸지만, 지금은 자체적으로 해결하고 있습니다. 목공소는 건물의 설비 관리도 하고 있습니다.

이 __ 지금까지 갤러리에서 열린 전시회 중 가장 기억에 남는 게 있다면 무엇인가요?

스즈키 __ 모두 각각의 기쁨과 어려움이 있기 때문에 뭐라 말하기 어렵지만, 최근 도비마츠 토기飛松灯器 전시와 데라야마 노리히코 씨의 전시는 갤러리의 층고 13.5m를 충분히 활용한 전시여서 기획과 운영에서 꽤 애를 먹었기에 기억에 남습니다. 기회가 되면 저희 홈페이지에서 보시면 좋겠습니다.

이 __ 지속가능성을 위해서는 어떻게 해야 할까요?

스즈키 __ 물론 매출을 올리는 것도 중요하지만, 단순히 매출을 목표로 삼기보다 항상 새로운 것에 대처하고 변화를 인정하는 것이 중요하다고 생각합니다. 골동품 업계에도 유행이 있어서, 옛날에는 잘 팔렸던 것이 지금은 덜 팔리거나 옛날에는 쌌던 물건의 가격이 이제는 오르기도 하거든요. 라이프스타일의 변화에 따라 사람들의 선호도가 완만하게 변해가는 것을 거부하지 않아야 한다고 생각합니다.

이 __ 공방이 손님에게 미치는 영향은 무엇인가요?

스즈키 __ 손님에게 개방하지는 않지만 누군가가 물건을 제대로 고치고 있다는 것을 시각적으로 보여줌으로써 신뢰감을 줄 수 있다고 생각합니다.

이 __ 옛날 가구를 쌓아서 만든 책장의 북 큐레이션은 직접 했나요?

스즈키 __ 야마구치 히로유키라는 북 디렉터에게 의뢰하고 있습니다. 이건 정말 그 분야의 프로만이 할 수 있는 구성입니다. 우리는 물건을 고르는 프로이므로, 책은 책의 프로에게 의뢰했습니다.

이 __ 식물 코너도 따로 관리하는 팀이 있나요?

스즈키 __ 남풍식당의 미하라 히로코와 시마다, 이토라는 세 명의 담당자가 카시카에 맞는 유닛을 짜서 '원예와 재생'이라는 이름으로 활동하고 있습니다. 경매에 나왔는데 팔리지 않았거나 파손된 것을 원예의 힘으로 재생시키는 컨셉입니다.

이 __ 카시카가 들어선 후 신키바 주변에 어떤 변화가 생겼나요?

스즈키 __ 신키바는 스튜디오 코스트라고 하는 큰 라이브하우스 외에는 아무것도 없던 지역이었습니다. 오시는 분들 중에는 이 역에 처음 내려봤다는 분들도 많습니다. 그것만으로도 의미 있는 변화라고 생각합니다. 신키바의 부흥을 도모하는 단체가 생기기도 하고, 카시카가 있어서 이 지역으로 이전했다는 곳도 있습니다. 또한 신키바는 인공적으로 만들어진 거리라서 신사나 축제는커녕 제대로 된 커뮤니티도 없지만, 최근 그러한 움직임이 일어나고 있습니다. 한 달에 한 번 정도 모여 정보를 교환하고 있어요.

신키바 네트웍스라는 회사가 신키바, 유메노시마, 와카스 맵이라는 것을 만들어서 연결하는 활동을 하고 있습니다.

이 __ 이곳이나 신키바를 찾는 사람은 주로 누구이며 어떤 목적으로 방문하나요?

스즈키 __ 신키바에 오신 분들은 거의 카시카를 보기 위해 오신 분들입니다. 스튜디오 코스트의 라이브를 보기 전에 카시카에 들르는 분도 있지만, 그렇게 많지는 않습니다. 신키바 방문자는 사무실과 목재 관계자와 라이브와 카시카, 유메노시마 공원 경기장의 이용자가 거의 전부입니다.

이 __ 도쿄의 다른 관광지보다 인지도가 많이 부족한데 그 점은 어떻게 극복하고 있나요?

스즈키 __ 하나의 거리가 형성되려면 우선 하나의 랜드마크가 생겨야 한다고 생각합니다. 기요스미 시라카와에도 블루보틀 카페가 생기면서 사람이 몰린 것처럼요. 우리는 무슨 일이 일어날지를 상상하고 움직이는 사람들이고, 우리가 해야 할 일을 했을 때 무슨 일이 일어날지를 기대하고 있습니다. 다른 관광지와 비교했을 때 앞으로 크게 바뀔 가능성이 있다는 것이 신키바의 가장 큰 매력이고요.

　　이 __ 신키바의 키워드는 '목재'인데 이것을 어떻게 어필하고 있
나요?

　　스즈키 __ 저희는 신키바에 있지만 목재를 키워드로 한다기보다,
목재가 카시카라는 스토리를 뒷받침한다고 생각합니다. 뉴욕의
미트패킹 스트리트가 과거의 식육공장이 모여 있던 곳이지만, 지
금은 갤러리 등이 들어선 힙한 장소가 된 것처럼요. 신키바도 시
대와 함께 완만하게 변해갈지도 모르죠.

　　이 __ 앞으로의 목표는 무엇인가요?

　　스즈키 __ 좀 더 많은 사람들, 세계를 상대로 저희를 알리고 싶습
니다. 일본의 고가구나 골동품의 훌륭함은 물론 카시카의 세계
관도 전하고 싶습니다. 나무가 가진 훌륭함도 전하면 더욱더 좋
겠고요.

경계 없는 영감의 공간,
인천 가좌동 코스모40

영국 테이트 모던 미술관은 원래 페인트 공장이었다. 전 세계에서 많은 사람들이 찾아오는 뉴욕의 첼시마켓도 과자공장이 복합 쇼핑몰로 재탄생한 것이다. 국내에서는 부자재 창고를 카페로 바꾼 대림창고가 성수동 일대의 변화를 견인했다. 자동차 정비소를 리모델링한 아모레 성수, 금속부품 공장을 바꾼 카페 어니언 등도 탄탄한 콘텐츠로 많은 사람들을 불러모으는, 공장 출신의 공간들이다.

지역 주민에게 공장은 장소성이 아닌 관계성으로 더 크게 가닿는다. 지역 경제와 밀접히 연관되기 때문이다. 특히 울산, 구미처럼 공단을 이루는 지역일수록 존재가치는 더 커진다. 그러나 산업이 변해 공장이 문을 닫아도 지역 사람들에게 공장은 추억 속에 남아 있다. 개개인의 역사에 크든 작든 영향을 미치던 공간이기 때문이다.

건축가 승효상은 그의 책《오래된 것들은 다 아름답다》를 통해 공간과 기억에 대해 이렇게 이야기한다.

"모든 도시와 건축은 사라지게 마련이다. 세운 자의 영광을 나타내기 위해 아무리 튼튼하게 지었다고 해도, 중력의 힘에 의해 반드시 건축과 도시는 무너지고 만다. (중략) 영원한 것은 우리가 같이 그곳에 있었다는 사실이며 그 기억만이 진실한 것이다."

해당 지역과의 관계성과 추억이 크기 때문일까, 공장을 리노베이션한 대부분의 프로젝트는 사적 용도보다는 공공의 이익을 위한 곳들이 많다. 2003년 문을 연 암스테르담 베스터 가스공장 문화공원Westergasfabriek Culture Park은, 석탄가스의 환경문제가 제기되고 천연가스 등 대체 연료가 등장하면서 문을 닫은 가스공장을 친환경 공원으로 조성한 것이다. 가스공장 건물 중 13채를 산업 유산으로 지정해 공연장, 전시장, 카페 등으로 용도를 바꾸어 매년 200여 개의 크고 작은 문화예술 행사를 열고 있다.

이탈리아 볼로냐도 공장을 리노베이션하여 도시재생에 힘쓰는 도시 중 하나다. 볼로냐는 1099년 설립된 유럽 최초의 대학 볼로냐 대학이 자리잡은 곳으로, 중세 사상과 학문을 견인하던 지성의 도시로 정평이 나 있었다. 하지만 세월은 흐르고, 중세 도시의 모습을 그대로 간직한 볼로냐는 지역경제가 돌아가지 않는 낙후된 도시가 되어버렸다. 이랬던 볼로냐의 변화를 주도한 것은 구도심 곳곳에 버려진 공장들이다. 볼로냐는 제빵공장, 담배공장, 도축장 등 중세 시대의 산업단위로 만들어진 작은 공장들을 문화예술 및 교육시설로 탈바꿈하여 과거와 현재와 미래가 공존하는 도시를 만들어가고 있다.

　2018년 인천시 서구 가좌동에 들어선 복합문화공간 코스모40도 화학공장을 리노베이션한 것이다. 1970년대만 해도 가좌동은 인천 산업의 중심지였다. 전국적으로 건설이 활발해지면서 목재 수입의 관문 역할을 하던 인천은 그야말로 최고의 전성기를 누렸다. 지금의 가좌동이 만들어진 것도 그때다. 목재 사업을 기반으로 하는 동화개발이 이 일대를 매립해 지금의 지형을 만든 것도 그만큼 지리적으로 가치가 있었기 때문이다. 지금은 국도가 되었지만 우리나라 최초의 고속도로인 경인고속도로 기공식이 열릴 만큼, 가좌동은 입지가 좋은 동네였다.
　인천에서도 '개건너(개울 건너라는 의미)'라 불리던 가좌동은 공업단지와 함께 인천의 경제 중심지가 되면서 사람들을 끌어 모았다. 1980년대에는 전국의 동 단위에서 인구 수가 가장 많을 정도였다. 그러나 산업이 빠르게 변화하면서 과거 산업 위주로 성장하던 인천의 경제는 하락했고, 가좌동 역시 쇠락의 길을 걷게 되었다.

코스모40은 과거 가좌동의 부흥을 이끌던 공업단지 안의, 코스모화학 공장의 40동을 살려 만든 공간이다. 코스모화학은 우주선부터 신발까지 다양한 제품의 기초 재료가 되는 이산화티타늄 정제 공장으로, 국내에선 이 분야의 유일한 공장이다. 1970년대 초 이곳으로 본사와 공장을 이전해 40여 년의 세월을 보냈다. 7만 6000㎡(약 2만 3000평)의 거대한 코스모화학 공장 단지 내에 45동의 크고 작은 공장이 들어설 만큼 규모도 상당했다.

하지만 2000년대에 들어서며 코스모화학의 인천 공장 가동률은 떨어지고 설비가 노후화되면서 생산 물량은 첨단 설비를 갖춘 다른 지역의 공장으로 옮겨가게 된다. 2016년 코스모화학은 완전 이전을 결정, 효율적 경영을 위해 토지를 매각한 후 울산의 온산공단으로 이전한다. 44개 동의 공장이 순식간에 철거됐고 옆 부지와 토지 측량 문제가 있던 마지막 40동 하나만 남았다. 그 옆 부지의 소유주가 바로, 코스모40을 만든 신진말의 심기보 대표였다.

토지 측량을 위해 처음 공장 안에 들어간 심 대표는 직감적으로 이곳을 철거하면 안 된다는 생각이 들었다고 한다. 지역의 맥락을 담은 이 공간을 자본주의 논리에 따라 철거한다면, 얻을 것보다 잃을 것이 더 많다고 생각한 것이다. 하지만 이 엄청난 규모를 어떻게 해야 할지 감이 오지 않았다. 그때 생각난 사람이 카페 '빈브라더스'를 운영하는 에이블커피그룹의 박성호, 성훈식, 남원일 대표였다. 공간으로 지역을 바꾸는 '신진말 프로젝트'의 시작이었던 셈이다.

심기보 대표는 가좌동에서 신진말이라는 음식점을 경영하고 있다. 신진말은 가좌동 일대의 옛 지명으로 '바닷물이 들어오던 지역을 간척하여 만든 마을'이라는 뜻이다. 이름에서 느껴지듯 심 대표의 가문은 400년 동안 이 지역에 거주하며 지역을 지킨 명문가로, 선조 때부터 이어온 가문과 지역의 역사를 전시하는 기록관도 운영하고 있다. 그러나 미국 유학을 마치고 돌아온 심 대표에게 가좌동은 다르게 보였다. 사람이 사라진 공업단지는 황량했고, 참판댁으로 불리던 종가의 고택은 초라했다. 왠지 모를 사명감에 고택을 복원하기로 마음먹고 집안과 지역 자료를 찾아 공부를 시작했다. 그리고 알아갈수록 가좌동을 새롭게 만들어보고 싶다는 마음이 꿈틀댔다.

우선 그는 30여 년을 이어온 음식점을 이어받기로 결정하고 음식점 일대를 재정비했다. 첫 번째 작업은 옆 건물에서 사용하던 폭 40m, 길이 20m의 자투리 땅을 되찾아 만든 신진말 스퀘어다. 땅 모양을 따라 좁고 긴 형태로 지은 건물로 가온건축의 임형남, 노은주 소장이 설계를 맡았다. 이 건물에 들어온 것이 빈브라더스다. 심 대표가 직접 찾아가 제안했고, 사업확장을 위해 원두 로스터리 공장이 필요했던 빈브라더스는 제안을 수락했다. 빈브라더스는 단박에 이 지역 젊은이들의 마음을 사로잡았다. 이어 심 대표는 음식점의 야외 공간에 결혼식, 회식 등 단체 활동을 할 수 있는 신진말 파빌리온을 만들고, 빈브라더스와 파빌리온 사이의 택배회사 건물을 리노베이션해 미국식 바비큐 전문점 '더 파운드'를 오픈했다. 가좌동에 새로운 상권이 생긴 것이다.

다시 공장 이야기로 돌아와보면, 심 대표와 몰래 공장에 잠입한 에이블커피그룹 성기훈 대표는 높게 뻗은 탄탄한 H빔들이 모아이 석상처럼 서 있는 강렬한 모습에 압도되었다고 회상한다. 버려진 캐비닛에서 발견된 손으로 그린 도면, 쉼 없이 돌던 기계들이 사라진 공간에는 폐허의 아름다움이 자리잡고 있었다. 누가 먼저랄 것도 없이 의기투합한 심 대표와 성 대표는 빠르게 움직였다. 장소적, 공간적 맥락을 연결할 건축가를 찾아나섰고, 건축과

화학공장이 문을 닫은, 인천 가좌동의 공장단지. ⓒShinKyungSub

오래된 건물이 새로운 건물을 감싸는 형태로 세워진 지금의 코스모40. ⓒShinKyungSub

1층부터 4층까지 모두 연결되어 있는 코스모40의 공간들.
외부인은 물론 지역 주민을 만족시키는 콘텐츠로 사람들을 끌어모으고 있다. ⓒcosmo40

예술의 경계를 넘나들며 활동하는 양수인 건축가가 합류하면서 오래된 건물이 새로운 건물을 감싸고 있는 지금의 코스모40이 탄생했다.

코스모40은 기존의 공장을 리모델링한 구관과 새롭게 건축한 신관으로 이루어져 있다. 구관은 지상 4층, 지하 1층 건물로 문화전시 공간으로 활용되고 있다. 1층의 메인 홀과 3층의 호이스트 홀의 층고는 각각 8m, 12m로 다양한 프로그램을 진행할 수 있다. 건축 면적도 약 360평 정도로 넓은 데다 수직적인 공간이어서 각 층마다 각각 다른 프로그램을 진행하기에도 좋다. 구관과 바로 연결되는 신관은 3층인데, 1층은 전시공간, 2층은 서점, 3층은 빵, 피자, 커피, 맥주 등을 판매하는 푸드 코트로 구성되어 있다.

'경계 없는 영감의 공간'은 코스모40이 지향하는 개념이다. 건물을 산책하듯 신구관의 경계 없이 드나들게 만든 동선, 용도가 다양한 가게들과 이벤트 프로그램 등에 이곳의 철학을 담았다. 무엇보다 프로그램 운영에서 노련함이 느껴진다. 이를테면 사진전이 열리는 동안 오후 2시부터 다음날 새벽 6시까지 밤새 공연하는 런다운 프로그램이 동시에 열리거나, 스케이트 보더들이 전시 작품들 사이로 라이딩을 하는 식이다.

빈브라더스가 처음 둥지를 틀 때만 해도, 주변에서는 이 동네엔 고급 커피를 마실 사람이 없다고 했다. 더 파운드가 문을 열 땐 미국 바비큐가 무엇인지도 모른다고 했고, 코스모40을 만들겠다고 했을 땐 올 사람이 없을 거라 했다. 하지만 확실한 건, 그런 가좌동이 달라지고 있다는 것이다.

"이 지역 어린이들에게
동네의 풍경을 바꿔주고 싶었어요."

이 __ 공장이었던 코스모40을 처음 만났을 때가 궁금합니다.

심기보 대표(이하 심) __ 코스모화학의 이전이 굉장히 빨리 진행되었습니다. 수십 년 동안 민원을 받았던 곳이라 관청에서도 빨리 처리했어요. 2016년 공장과의 필지 문제로 연락을 받고 측량하러 처음 공장 안으로 들어갔습니다. 깜짝 놀랐습니다. 직감적으로 이곳을 살리고 싶다고 생각했죠. 그래서 지랩의 노경록 대표에게 연락해서 와달라고 했습니다. 노 대표는 너무 멋지지만, 절대 이곳에서 뭘 할 생각은 하지 말라고 했죠. (웃음) 저도 마찬가지였습니다.

하지만 빈브라더스 대표님들을 만난 후 생각이 달라졌습니다.

그분들은 여러 단체나 회사와 협업을 자주 하는데, 특히 창작자에 관한 언급을 많이 했고, 이곳은 창작자를 위한 공간으로 적합해 보인다고 했습니다. 예를 들면 엔터테인먼트 회사의 상설 매장 같은 것이죠. 아이디어는 좋았는데 운영에 자신이 없었습니다. 그러다 빈브라더스에서 직접 운영해보고 싶다고 해서 시작하게 되었죠.

이 __ 화학공장이었다는 데 거부감은 없었나요?

성훈식 대표(이하 성) __ 제가 응용화학부 출신이었고 병역특례로 공장에서 3년간 근무도 했습니다. 코스모화학은 세계 시장점유율 2~3위인 큰 회사인 데다, 공장 시설도 외국회사가 설계해서 골조가 튼튼합니다. 게다가 코스모화학은 황산 정제시설인데, 황산은 바로 증발해버립니다. 이곳은 방치기간도 오래됐고요. 마침 공장을 봤을 때쯤 제가 유럽으로 여름 휴가를 다녀왔는데, 공장을 리모델링한 곳들을 여럿 봤습니다. 한국엔 왜 그런 게 없을까 생각하던 찰나에 이 공장을 본 거죠.

심 __ 사실 전 화학공장 이미지가 부정적이었습니다. 하지만 처음 봤을 당시에는 이미 내부 시설이 다 철거된 상태로 뼈대만 남아 있었고, 화학물질보다는 쌓인 먼지가 문제였습니다. 말한 것처럼

성훈식 대표가 화학 전공이다 보니 이 공장에서 어떤 일을 했는지 알려주면서 이미지가 바뀌었고요. 어린 시절부터 기억에 남아 있는 곳이라 그다지 신경 쓰이지 않았던 면도 있습니다.

이 __ 이곳을 매입해 운영하자고 제안한 것은 누구였나요?

심 __ 기억엔 빈브라더스의 박성호 대표님이 하자고 했던 것 같습니다. 규모가 너무 커서 "괜찮으세요?"라고 물으니, 그럼 같이 하자고 하더라고요. 빈브라더스가 가좌동에 들어와 자리잡는 모습을 보면서 좋은 콘텐츠가 지역을 바꿀 수 있다는 확신이 들었기에 저도 결심할 수 있었습니다. 회사와 지역민이 함께한다는 점에서 의미도 있고, 규모가 크니 경제적으로도 좋을 거라 보았고요.

이 __ 공장의 분위기를 그대로 살린 덕에 좀처럼 볼 수 없는 공간이 만들어진 것 같습니다.

성 __ 2014년 합정동 맥주공장 자리에 빈브라더스를 열었는데요. 당시 빈브라더스의 컨셉은 수산시장이었어요. 건물이 좋거나 인테리어가 멋있어서 가는 게 아니라 좋은 회를 저렴한 가격에 먹으러 가는 수산시장처럼 커피도 리필해주고 로스터리도 같이 했습니다. 오로지 좋은 커피를 제공하는 것이 목표였죠. 그래서 공장 바닥도 그대로 쓰고, 벽 합판도 가장 싼 걸 썼어요. 순전히 경제적인 이유로 인테리어가 만들어진 거죠. 그런데 마침 그 시기에 인더스트리얼 인테리어가 유행하면서 매장이 더 유명해졌고, 저희에게 인더스트리얼 공간이라는 프레임을 씌우는 현상이 재미있었죠. 이런 경험이 있어서 해볼 만하다고 생각했는데, 이번에는 차원이 다르더라고요. 그래서 여기에 참여하면 좋을 작가들을 대상으로, 공간을 어떻게 꾸미면 좋을지 리서치를 했습니다. 다들 가능하면 꾸미지 말고 공간을 그대로 두기를 권하더라고요.

옛날의 속도감으로 만들어놓은 것들의 쓰임새가 요즘 점점 사라지고 있다고 느낍니다. 인구절벽 시대로 넘어가면서 수요자가 절대적으로 줄어들고 있으니 부동산 정책도 10~20년 후를 내다보고 접근해야 한다고 생각해요. 그런 의미에서 방치되고 버려진 오랜 건물을 다시 봐야 합니다. 가능하면 살릴 것은 살려야죠. 이 건물처럼 골조를 세우려면 돈이 많이 든다고 합니다. 그렇다면 누군가는 이걸 살려야 하지 않을까요. 당시 땅을 사면서 건물은 그냥 받았습니다. 회사 입장에서도 철거비용이 절약된 것이죠.

심 _ 비슷한 이야기일 수도 있지만, 처음 공장에 들어갔을 때 굉장한 충격을 받았습니다. 매일 보던 건물인데 겉이 너무 허름

하니까 저도 모르게 무시했던 것 같아요. 그런데 안을 보니 단단하고 멀쩡했습니다. 그걸 부순다는 것 자체에 동의하기 어려웠어요. 지속될 수 있는 건물인데 그걸 왜 부숴야 하는지에 대한 의문이 생겼습니다. 50년 정도 된 공장이 순식간에 철거되는 게 아쉬웠고요. 그동안 피해를 봤다고 생각했는데, 한편으로는 갑자기 사라진다는 게 꽤씁하기도 했습니다. 우리 동네에 이런 공장이 있었다는 흔적을 남기고 싶었습니다.

이 __ 코스모40의 기획에 대해 설명한다면요.

성 __ 처음엔 무엇을 하겠다고 정하지 않았습니다. 리모델링하면서 어떻게 하면 이 건물을 잘 사용할 수 있을지 고민했죠. 기본적으로 문화공간을 만들고 싶었습니다. 지금 생각해보면 굳이 콘텐츠가 하이엔드거나 서브컬처일 필요가 없다고 여겼던 것 같습니다. 한쪽으로 치우치지 않는 것이 중요할 것 같아요.

플랫폼의 기능을 충분히 하며 다양한 장르가 넘나드는 공간을 만들고 싶었습니다. 추상적일 수도 있고 뾰족하지 않다고 생각할 수 있는데, 그런 방향이 지역과도 맞다고 봤어요. 서울에서는 뾰족한 하나의 결로 가는 프로그램이 많은데, 지역민 입장에서는 전체적인 것을 보는 게 더 좋다고 생각하거든요. 인천은 애초 문화 프로그램을 공급하는 플레이어가 많지 않기에 다양한 것을 보여주는 것이 지역 환경과 맞는 거죠.

두 번째는 내부에서 나온 의견입니다. 빈브라더스를 백화점 등 다양한 공간에서 운영해봤는데 건축 디자인에 한계가 있었습니다. 주어진 공간이 정해져 있다 보니 공간 활용이 후순위로 밀립니다. 코스모40의 1, 2층은 500평이고, 1층부터 4층까지 모두 연결되어 있습니다. 공간을 나누면 관리는 편하겠지만 그렇게 하지 않았습니다. 공간 사용자에게 권한을 준 거죠.

지금은 가벼운 건축이 가능한 시대라 가벽을 치거나 커튼을 쳐서 공간을 가볍게 나눌 수 있습니다. 공간의 한계를 넘어 프로젝트를 하는 기획자, 큐레이터, 작가들이 좀 더 창의적으로 공간을 이용할 수 있게 하고 싶었죠. 그러면 또 다른 것이 보일 테니까요. 1~2년 정도 여러 가지 테스트를 하고 있습니다. 가급적 '경계 없는 영감이 있는 공간'이라는 컨셉에 부합하는 프로그램을 하려 합니다. 특정 카테고리에 얽매이지 않고, A와 B라는 각각의 개체가 중첩되지 않는 프로그램을 만들고 싶습니다.

이 _ 어떤 컨셉으로 공간을 디자인했는지 궁금합니다.

심 _ 컨셉보다는 공간을 이해하려 노력했습니다. 이걸 어떻게 사용할지 정한 다음에 어떻게 고쳐야 할지 고민했어요. 한 자리에 오래 있었던 건물이라 그런지 코스모40을 종종 사람처럼 인식하게 됩니다. 1, 2층에서는 문화공간을 하고 싶어서 F&B를 3층에 넣었어요. F&B는 접근성이 좋은 1층에 넣어야 하는데 그렇게 만들면 물리적인 공간의 제약이 생기기 때문에 저희의 목적과는 맞지 않았습니다. 필요에 의해 건축적으로 어떻게 리모델링할지 생각했습니다.

성 _ 옛것은 옛것 그대로 남기고 새것은 새것답게 만드는 것이 좋지, 일부러 빈티지하게 만드는 건 자연스럽지 않다고 생각합니다. 신관과 구관의 대비가 분명한 것이 저희의 컨셉이라면 컨셉입니다. 신관과 구관이 억지로 조화를 이루는 것이 아니라 자연스럽게 어울리는 쪽에 중점을 두었습니다. 리모델링에서 무엇을 남기고 무엇을 없앨지 정하는 것이 어려운 문제였어요. 결국 사용하기 위해 남긴다는 기준을 정하니 과감해졌죠.

물론 공간을 운영하면서도 계속 바꾸고 있습니다. 공사를 몇 차례로 나누어 진행했고, 문을 연 후에도 계속해서 개선할 점을 수정했어요. 외벽과 2층 바닥 공사도 추가했죠. 무엇을 보존할 것이냐고 묻는다면, 상징이나 이야기를 보존하는 것이 힘을 갖는다고 생각합니다. 굳이 건물 그 자체를 보존하는 것이 중요한 건 아닙니다. 외벽은 디자인적으로 아쉽지만 방문객들이 너무 추워서 힘들어하는 모습을 보고 공사를 시작했어요.

보통 건축이라고 하면 기획하고, 설계하고, 짓는 건데, 리모델링은 조금 다릅니다. 리모델링의 가장 큰 장점은 운영하면서 점진적으로 고쳐갈 수 있다는 것이죠. 아직도 리모델링 과정이 남아 있습니다. 프로그램에 맞춰서 바꿔야 한다면 바꿀 수 있다는 점이 좋은 것 같습니다.

이 _ 최근 국내에서도 재생건축에 대한 관심이 높아졌는데요, '사용하기 위해 남긴다'는 말이 재생건축을 하려는 분들에게 좋은 기준이 되리라 믿습니다. 재생건축은 미국에서 먼저 시작됐는데 혹시 심기보 대표님이 미국에서 공부하면서 본 건축 중에 참고한 사례가 있나요?

심 _ 아쉽게도 없습니다. 이렇게 될 줄 알았다면 하다못해 레스토랑 갈 때 분위기라도 볼걸 하며 후회했습니다. 당시에는 제가 이런 일을 하게 될지 전혀 생각지 못했어요. 그런데 인천으로 돌아와 음식점을 하면서 사람들의 인식을 바꾸고 싶었습니다. 파빌리온도 마찬가지입니다. 고기를 사러 가서 가좌동이라고 하면 다들 무시했어요. 그 동네에는 좋은 고기가 필요 없다는 거죠. 그냥 싸구려 고기면 충분하다고요. 그것 자체가 너무 싫었습니다. 번듯한 건물을 짓고 싶었습니다. 이 지역 어린이들에게 동네의 풍경을 바꿔주고 싶었어요.

파주나 서울에나 가야 볼 수 있는 노출 콘크리트 건물을 짓고 싶었고, 여러 건축가들을 만나 이야기를 나누면서 생각이 깊어졌어요. 특히 지랩의 노경록 대표를 만나서 좋았습니다. 파빌리온, 파운드, 빈브라더스 로스터리까지 건물 세 채를 같이 작업했고, 지금은 코스모40까지 포함한 신진말 프로젝트 마스터플랜을 함께 세우게 됐어요.

이 _ 두 분이 다른 회사의 대표이자 공동대표인데 코스모40은 어떻게 운영되나요?

성 _ 각각 회사를 운영하며 코스모40은 서로의 교집합으로 운영하고 있습니다. 저희 회사 기준으로 보면 자회사의 합작 개념인데, 대부분의 자원들이 본사에서 공급됩니다. 물론 하는 일은 다릅니다. 한쪽은 F&B고 이쪽은 콘텐츠 일이니까요. 그래서 코스모40의 직원들 중에는 기획자나 행사를 했던 사람들이 많아요. 저희가 F&B를 오래했으니까 유리한 점은 있습니다. 상권이 크지 않아도 시간이 지나면 사람이 찾아온다는 믿음이 있거든요.

이 __ 공간이 가진 독특함 때문인지, 이색적인 전시가 많습니다. 전시 프로그램은 코스모40에서 기획하나요?

성 __ 직접 하기도 하고 작가에게 일임하기도 합니다. 잘하는 분들한테는 모두 위임하는 게 더 좋은 결과를 가져옵니다. 처음부터 저희와 협업을 원하는 분들과는 함께 작업하기도 하죠. 저는 가능한 한 실무자(공간 사용자)에게 피드백을 안 하는 게 이 공간의 결과 어울린다고 생각해요. 이미 많은 프로그램을 해봤기 때문에 어떻게 하면 잘되는지 알고 있지만 그걸 강요하고 싶지 않거든요. 약간 더 품이 들더라도 전시의 주최자가 이 공간에 가장 잘 어울리는 형태를 찾는 게 중요하다고 봅니다. 그분들이 발견하는 새로운 관점이 있거든요. 저희는 기능적으로 필요한 것만 조언하는 정도입니다.

이 __ 2층의 서점 공간이 눈이 띕니다. 어떻게 운영하나요?

심 __ 아직 특별한 기획을 하고 있지는 못합니다. 빈브라더스 강남점의 도움을 받아서 서점을 운영하고 있습니다. 구색만 갖춘 정도죠. 서점은 창작자들에게 도움이 되는 공간이라 생각합니다. 인천에서 활동하는 창작자들은 많지만 활동할 수 있는 공간, 서로 영감을 주고 받을 수 있는 공간이 없습니다. 서점이 그런 공간이 되면 좋겠습니다. 코스모40 주변의 다른 공장이 리노베이션 중인데, 그곳에는 창작자 공간이 더 생길 예정입니다. 염색 창작자 한 분이 코스모40에서 지역민을 대상으로 수업을 열었는데, 반응이 좋았습니다. 이런 분들이 많아지면 서점은 더 좋은 공간이 될 거라 생각합니다.

이 __ 웹 사이트에 소개된 프로그램만 봐도 예사롭지 않던데, 프로그램 유치 시 특별히 신경 쓰는 원칙이 있나요?

성 __ '코스모40이 아니어도 할 수 있는 건 하지 말자'는 원칙은 있습니다. 공간을 활용할 수 있는 프로그램을 우선시하는 거죠. 이런 관점에서는 구체적인 제안을 하시는 분들이 좋습니다.

심 __ 코스모40에서만 구현 가능한 콘텐츠가 있는데 다른 곳에서는 할 수 없다고 하면 누구에게라도 기회를 주고 싶습니다. 인천은 전반적으로 문화를 경험할 수 있는 장이 적어서, 지역민과 아티스트 모두 새로운 것을 해볼 기회가 별로 없었습니다. 기회가 없다는 현실을 바꾸고 싶습니다. 가끔 코스모40의 콘텐츠가 지역적이지 않다는 평을 듣는데, 저는 이 역시 다양한 것을 접하지 못했기 때문에 나오는 이야기가 아닐까 생각합니다.

이 _ 어떻게 보면 복합문화공간이라는 말은 뾰족한 브랜딩이 어렵다는 의미로 들리기도 합니다. 코스모40만의 개성은 어떻게 기획하시나요?

성 _ 한 공간이 여러 개의 역할을 하도록 레이어를 겹치게 만들었습니다. 외식업 매장은 두 가지 역할을 합니다. 프로그램을 운영 중일 때는 지원기능을 할 수 있고요. 커피와 빵은 원래 하던 것들이고, 피자나 맥주는 간단한 케이터링에 적합해서 선택했습니다. 모두 지속성을 염두에 두었습니다. 다른 문화공간을 보니 계속 지속되기가 힘들더라고요. 전시 프로그램이 없더라도 유지할 수 있는 형태가 되려면 F&B가 필요합니다. F&B는 정직한 비즈니스입니다. 처음에는 운이 좋아서 사람들이 찾아올 수도 있고, 맛이 좋아도 모를 수도 있죠. 하지만 경험에 비추어보면 신념을 갖고 같은 자리에서 꾸준히 2~3년을 하면 사람들이 찾아온다는 확신이 있습니다. 구관에 프로그램이 없을 때도 공간을 운영하기 위해 F&B는 필요합니다.

상설 프로그램을 열지 않기에 누구는 코스모40을 전시 공간이라 하고, 또 누군가는 피자 맛집이라고 하고, 다른 누군가는 맛있는 베이커리라고 말합니다. 다들 이렇게 공간을 받아들이는 관점이 다릅니다. 전통적인 비즈니스 관점에서 보면 맞지 않죠. 하지만 이렇게 여러 가지가 섞인 공간 자체가 사람들에게 정체성으로 인식될 수 있습니다. 빈브라더스를 통해 배운 경험입니다. 빈브라더스는 각 매장마다 컨셉이 다릅니다. 브랜드 전략에서는 통일성이 중요하다고 하지만, 일곱 번째, 여덟 번째 매장이 생기면서 사람들은 빈브라더스의 정체성을 '매장마다 다른 기획'으로 받아들이더라고요. 왜 다르게 만드냐는 질문이 아니라 왜 똑같이 만드냐가 올바른 질문이라 생각합니다. 각 지역마다 상권도 다르고 이용자도 다릅니다. 무엇을 우선순위로 놓느냐에 따라 다르죠.

이 __ 최근 상업공간 기획의 트렌드도 다양한 레이어입니다. 다만 고객에게 그러한 공간을 인식시키기까지 어려움이 있지 않을까요?

성 __ 하루하루가 어렵죠. 그래도 가능성이 있습니다. 공간이 특이해서 그런지 관심이 많거든요. 관심을 지속하기 위해 저희가 추구하는 개념을 꾸준히 실현해 가야죠.

심 __ 앞으로가 더 어려울 것 같습니다. 사람이 하는 일이다 보니 이 페이스가 어느 정도까지 유지될지, 그게 가장 우려스러운 부분입니다. 저희도 계속 젊은 건 아니니까 미루고 안 하게 되는 부분도 생길 수도 있고요. 물론 지금 당장은 아니고, 50년 후를 내다보며 하는 걱정입니다.

이 _ F&B가 있다고 해도, 상설 프로그램이 별로 없어서 고객의 재방문을 유도하기 어렵진 않은가요?

성 _ 반대로 생각해볼 수도 있어요. 프로그램별로 관람객 정보를 받아본 결과 다시 방문하는 고객이 적지 않았죠. 인천과 다른 지역에서 오는 비율이 7대 3이라는 건 뜻밖의 결과였습니다. 지역 주민들은 문화 콘텐츠에 목말라했고, 인천에 이런 곳이 생겨서 반갑고 좋다는 반응이 기쁩니다.

이 _ 아카데미처럼 지역민을 위한 정기 프로그램이 있으면 좋을 것 같습니다.

성 _ 지금도 그런 프로그램들이 있습니다. 5회, 6회짜리 프로그램인데요. 간단하게는 커피 아카데미, 마을 지도 만들기, 영화 스터디 같은 캐주얼한 수업들이죠. 제가 프로그램을 하면서 오판했던 것 중 하나가 음악 행사였던 '런다운'이었습니다. 개인적으로 언더그라운드 음악에 관심이 많아서 기획했는데 반응이 좋지는 않았습니다. 올해에도 음악과 관련된 전시회나 세미나를 열었는데 이때도 지역 주민들의 반응이 미미했죠. 하면서 배우는 중

interview _ "이 지역 어린이들에게 동네의 풍경을 바꿔주고 싶었어요."

이지만 그래도 음악이 코스모40과 잘 맞는다는 확신이 있습니다. 객석 공연이 아니기에 자연스럽게 음악과 어울릴 수 있는, 코스모 40만의 좋은 프로그램이죠. 시간은 많이 걸리겠지만 꾸준히 해볼 생각입니다.

이 __ 이 동네의 잠재력을 무엇으로 보나요?

심 __ 인천 지하철 2호선이 개통되면서 빈브라더스에 이쪽으로 오라고 제안했을 때, 마침 빈브라더스가 로스터리 공장을 세워서 확장하려던 시기였어요. 본사가 서울 합정동에 있으니 후보지로 단순히 기존 로스터리 공장이 많은 광주나 파주 등을 생각했다고 해요. 그런데 이쪽으로 오고 나니 이미 오랫동안 공장 지역이었기 때문에 물류가 잘되어 있고 식당이 많아서 직원들의 만족도가 높다고 하더라고요. 공장지대에 적합한 여러 인프라를 갖추고 있는 것이 최고 장점이죠.

이 __ 코스모40이 들어선 후, 가좌동 주변에 변화가 생겼나요?

심 __ 매일 변화를 느낍니다. 아무도 관심을 두지 않던 지역이었는데, 이런 관심을 받는 것 자체가 굉장히 놀라운 경험이죠. 관심에서 그치는 게 아니라 참여하고 싶어 하는 분도 많아졌습니다.

입주 같은 형태로요. 코스모40 뒤쪽에 서핑 숍이 들어왔습니다. 몇 년 동안은 저희가 그런 분들을 모셔 와서 같이 해나가면 좋지 않을까 생각합니다. 참여하는 분들이 많아지면 프로그램도 탄탄해지겠죠. 이런 분위기가 자연스러운 일상이 되면 좋겠습니다. 그래야 지속가능성이 생기는 거 같아요.

또한 원래 인천이 공업지역이었던 만큼 공장을 리모델링해서 새로운 공간으로 만드는 사례가 더 생기길 바랍니다. 인천은 공장도시라는 이미지를 지우고 싶어 하는데, 그걸 지울 것이 아니라 새롭게 남겼으면 합니다. 서울 근교의 산업도시는 인천밖에 없으니까요. 저희에게 조언을 구하는 분들은 다들 '제2의 코스모40'을 원하시는데, 코스모40은 가좌동이라서 가능한 프로젝트였어요. 같은 인천이라 해도 동구만 가도 분위기가 다르거든요. 그 지역에 어울리는 콘텐츠를 만들어야 합니다. 가령 어린이 도서관이나 놀이터를 만드는 식으로요. 저희 사례를 그대로 따라 하거나 대단한 것을 만들기보다 그 지역에 맞는 걸 만들면 좋겠습니다. 굳이 많은 사람의 관심을 끌지 않아도, 도시재생은 그 동네 사람들이 좋다면 충분하니까요.

이 __ 코스모40이 가좌동에서 실현하려는 가치는 무엇인가요?

성 __ 10년 후에도 지금보다 더 잘 운영되는 공간이면 좋겠습니다. 지역주민에게 사랑받는 혹은 자랑스러운 공간이 된다면 그게 성공이겠죠. 10년 후에도 있다는 건 지속가능했다는 거고 지역주민에게도 사랑받았다는 이야기니까요. 우리의 어린 시절을 생각해보면 그때는 몰랐는데 나중에 커서 얼마나 좋았는지 깨닫게 되는 곳들이 있거든요. 마찬가지로 이곳을 방문한 어린이들이 10, 20년 후에 '이렇게 좋은 곳이 있었구나' 하고 기억했으면 좋겠습니다.

심 __ 저는 대대로 살던 곳이니, 이 동네에 대한 생각이 조금 바뀌었으면 좋겠습니다. 그동안은 낙후된 곳이라는 이미지로 사람들이 돌아보지도 않던 동네였거든요. 지금보다 사람들이 더 살기 좋은 동네가 되었으면 좋겠다는 마음뿐입니다.

거리와 사람을 연결하는 공간,
시모키타자와의 보너스 트랙

우리나라에서도 홍대와 이태원 등의 대형 상권보다 연남동이나 해방촌, 을지로 등이 사랑받는 것처럼, 도쿄에도 이와 비슷한 동네가 있다. 바로 도쿄도 세타가야구의 '시모키타자와下北沢'라는 곳이다. 시부야나 신주쿠에서 전철로 5~7분 가면 나오는 시모키타자와는 일본에서는 라이브하우스와 극장 등 서브컬처의 발신지로 알려져 있다. 시부야나 하라주쿠처럼 '젊은이들의 거리' 혹은 '패션의 거리'로 불리기도 한다. 젊은 친구들이 많이 찾는 곳이지만 홍대나 이태원처럼 시끌벅적한 분위기라기보다 차분함이 묻어나는, 그곳만의 색깔이 분명한 동네다. 감각적인 카페나 식당이 많은 요요기우에하라나 산겐자야와 가까운 덕에 거리를 걷다 보면 소위 힙스터라 불릴 법한 친구들도 자주 보인다. 우리나라에서도 도쿄 여행을 몇 번 다녀온 사람이라면 들어보거나 가본 적이 있는 동네일 것이다.

독특한 매력을 지닌 시모키타자와가 한층 더 고유의 스타일을 만들어가기 시작한 것은 전철이 지하화되면서부터다. 일본의 철도회사는 노후한 전철역과 주변 시설을 리모델링하여 새로운 상권을 만드는 데 거리낌이 없는데, 대표적인 사례가 도큐전철東急電鉄이 운영하는 나카메구로역이다. 2016년 문을 연 '나카메구로 고가 아래中目黒高架下'는 도심 지하철역의 새로운 모습을 제안한 것으로 유명하다. 나카메구로역에서 유텐지역 방면으로 약 700m에 이르는 고가 아래의 공간은 고가교라는 거대한 지붕을 가게들이 공유하는 루프 셰어링Roof Sharing이라는 컨셉으로 조성돼 있다. 약 40구획으로 나누어 28개 매장이 입점해 있는데, 츠타야와 마가렛호웰 등 스타일리시한 매장들이 들어오면서 이곳은 나카메구로의 상징적인 장소이자 도쿄 여행자라면 한 번씩 인증샷을 찍는 '일상의 여행지'가 되었다.

같은 지하철역이지만 도쿄의 지하철역은 서울과는 느낌이 또 다르다. 아무래도 도쿄 지하철역사의 상권 덕분이 아닐까? 종일 일과 사람에 치이다 퇴근하는 길은 마음이 가볍고 발걸음도 경쾌

하다. 내려야 할 지하철역에 도착하면 이미 집 현관문의 비밀번호를 누르는 기분이 든다. 반면 집으로 가기 위한 마지막 스퍼트를 위해 에너지가 필요한 사람도 있을 것이다. 도쿄의 지하철역에는, 그런 사람들을 위한 가게들이 존재한다. 고가 아래 문화(高架下文化, 고우카시타분카)라고도 부르는데, 도쿄의 고가 아래에 있는 전철역에서 생겨난 말이다. 앞에서 말한 '나카메구로 고가 아래'도 이 고가 아래 문화의 일종이다. 전철이 지나가는 고가 아래에 늘어선 가게들 중 한 곳에 들러 간단한 저녁과 함께 맥주를 마시는 것은 일본인들에게 일상이자 일종의 리추얼이다. 도쿄의 지하철역은 단순히 게이트웨이의 기능뿐 아니라 지역 주민들에게 일터도 집도 아닌 제3의 장소 역할을 하면서 그 동네 특유의 분위기를 만들어낸다.

앞에서 언급한 도큐전철은 민간기업이 운영하는 대형 철도회사 중 하나다. 이들 대형 사철은 기본적으로 타 회사와의 경쟁과 수익 창출을 전제로 발전해왔기에 회사 운영방식이 제각기 다르면서도 독특하다. 우선 승객 유치를 위한 철도 노선 확대나 직통 철도 운영 등 직접적인 노력을 기울인다. 그와 함께 철도사업 외적으로도 다양한 사업을 추진한다. 예를 들면 프로야구단 운영, 백화점이나 편의점 등 유통회사 운영, 연선지구 택지개발 및 주택

임대 등의 부동산 사업, 택배 등의 물류사업, 영화나 방송 등 문화사업, 관광지 및 랜드마크 조성과 경영, 호텔사업 등의 관광업까지 범위도 실로 다양하다. 또한 자사 연선의 수요와 유동인구를 늘려 새로운 수익을 창출할 뿐 아니라, 그들의 자체 사업으로 이윤을 내는 것을 목표로 한다. 특히 이들이 펼치는 부동산 사업은 '마을 만들기(마치즈쿠리)'라 불리는데, 부동산과 철도업을 중심으로 수많은 사업이 결합된 독특한 경영방식이다. 이것은 일본의 도시 구조를 만들어낸 근간이기도 한데, 실제로 어느 정도 규모가 있는 도시들은 지방정부의 주도보다는, 대형 사철들이 연선에 설치한 상업시설이나 관광시설을 중심으로 인구가 밀집되면서 발전한 케이스가 많다. 사철이 연선 인근에 인위적인 택지를 조성하여 시작된 도시도 있다. 선로 주변에 빼곡히 늘어선 대부분의 주택가가 대형 사철이나 그 자회사가 운영하는 부동산업에서 탄생한 것이다. 앞에서 말한 '나카메구로 고가 아래'가 바로 사철이 주도한 마을 만들기의 대표적 예시다.

사철이 자사의 연선지구 역 주변의 택지를 개발하여 주택을 세우고, 상업시설을 만들어 더 많은 사람이 철도를 이용하도록 하는 것은 지속적으로 해온 비즈니스다. 그런데 최근 이들의 움직임에 사람들의 관심이 모이는 것은 왜일까? 그것은 이들의 행보가 오다큐전철이 추진한 시모키타자와 선로 거리의 로고.

단순한 택지개발이나 상업시설 건축이 아니기 때문이다. 도시가
노후화되면서 자연스레 역도 리모델링이 필요해지고, 새로운 이
용객의 유입을 유도해야 할 시점에서 사철은 지역 커뮤니티에 도
움이 되는 개발로 방향을 선회했다. 이전에는 신도시 개발처럼 택
지지구를 획일적으로 개발해 조립식 주택을 지어 사람을 모으고
상업시설을 만들었다면, 이제는 지역 분위기를 그대로 유지하려
는 것이다. 그중에서도 최근 시모키타자와역을 중심으로 한 오다
큐전철의 재개발 사업이 눈에 띄었다.

　시모키타자와의 선로 거리 개발 역시 오다큐선의 지하화로 역
이 리뉴얼되면서 활용 가능한 토지가 생겨난 데서 시작되었다. 오
다큐선을 운영하는 오다큐전철은 2019년 9월 시모키타자와 지
구 상부 이용계획을 발표했는데, 그 컨셉이 재미있다. 오다큐전철
에서는 시모키타자와 지역을 '다양성이 넘치는 거리'라고 정의해

'BE YOU, 시모키타답게, 나답게'라는 컨셉을 내놓았다. 이곳에 사는 사람, 일하는 사람, 방문하는 사람 모두 개성 넘치고 포용력이 높고 서로 이해하며 공존하고 있으며, 이러한 분위기가 동네의 매력으로 발휘되고 있음을 표현한 것이다. 오다큐는 새롭게 만들어지는 1.7km의 개발 구역, 부지면적 약 2만 7500m²의 명칭을 '시모키타 선로 거리下北線路街'로 하고, 2020년까지 정비한다는 계획을 내놓았다. (코로나19 때문에 완성은 2021년으로 연기되었다.) 오다큐는 화려한 건물이나 멋있는 복합공간을 세우는 것이 아니라, 거리에 부족한 녹지를 보충하고 사람들의 자연스러운 연결을 염두에 둔 공간을 만들어 활력을 불어넣는 데 중점을 두었다고 강조한다.

이곳에 처음 관심을 갖게 된 이유는 일본건축 스튜디오 UDS의 웹 사이트에서 우연히 발견한 호텔 때문이다. UDS는 시모키타자와 지역에 도심의 온천여관이라는 컨셉으로 호텔 '유엔 별저 다이타由縁別邸 代田'를 지었는데, 그 주변을 살펴보니 역 근처에서 상상하기 어려운 건물과 기획들이 만들어지고 있었다. 가령 지역과 연결되는 보육원 '세타가야 다이타 진지보육원世田谷代田 仁慈保幼園', 새로운 만남과 배움을 제공하는 학생 기숙사 '시모키타 칼리지SIMOKITA COLLEGE', 새로운 도전이나 개인의 창업을 응원하는 연

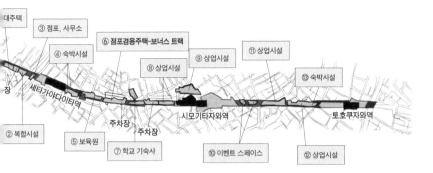

① 대주택

③ 점포, 사무소

④ 숙박시설

⑥ 점포겸용주택-보너스 트랙

⑨ 상업시설

⑪ 상업시설

⑧ 상업시설

⑬ 숙박시설

장

세타가야다이타역

② 복합시설

⑤ 보육원

주차장

주차장

⑦ 학교 기숙사

시모기타자와역

⑩ 이벤트 스페이스

토호쿠자와역

⑫ 상업시설

① **리지아 다이타 테라스** _ 임대주택(2016년 2월 오픈)

② **세타가야 다이타 캠퍼스** _ 지식으로 연결된 지역 커뮤니티 허브(2019년 4월 오픈)

③ **KALDINO** _ 세타가야구에 본사가 있는 식품수입회사 칼디가 운영하는 (주)캬라멜커피의 상품개발 키친, 사무실, 카페(2020년 1월 오픈)

④ **온천여관 유엔 별저 다이타** _ 도심에 갑자기 나타난 온천여관(2020년 9월 오픈)

⑤ **세타가야 다이타 진지보육원** _ 지역과 연결되는 보육 및 커뮤니티의 장(2020년 4월 오픈)

⑥ **보너스 트랙** _ 새롭게 도전하는 개인과 가게를 응원하는 연립주택(2020년 4월 오픈)

⑦ **시모키타 칼리지** _ '살다'와 '배우다'를 통합한 주거형 교육시설(2020년 12월 오픈)

⑧ **상업시설(명칭 미정)** _ 커뮤니티를 만드는 라이프스타일 제안형 시설(2021년 11월 오픈 예정)

⑨ **시모키타에키우에** _ 시모키타만의 다양성이 넘치는 역내 상업시설(2019년 11월 오픈)

⑩ **시모키타 선로 거리 공터** _ 모두를 연결하는 자유로운 놀이터(2019년 9월 오픈)

⑪ **리로드** _ 세련된 개인 가게가 모인 차세대형 상업 존(2021년 6월 오픈)

⑫ **음식점(명칭 미정)** _ 시모키타 컬처를 만드는 엔터테인먼트 카페(2021년 7월 오픈)

⑬ **숙박시설(명칭 미정)** _ 여러 사람이 모이는 도시형 호텔(2021년 7월 오픈)

립주택 '보너스 트랙BONUS TRACK', 세련된 리테일 숍을 모은 상업
시설로 구성된 '리로드reroad' 등이다. 이곳에 들어오는 시설은 많
은 사람들이 시모키타자와라는 지역에 애착을 갖게 하는 데 중
점을 두었다.

그중 하나가 약 1년 반이라는 기간 한정으로 'BE YOU, 시모키
타답게, 나답게'를 나타내는 공간, 시모키타 선로 거리의 공터 개
설이다. 공터는 '모두가 만드는 자유로운 놀이터'라는 컨셉으로,
렌탈 키친의 팝업 스토어나 다양한 활동을 할 수 있는 이벤트 공
간을 마련해두어 모두의 '해보고 싶다'는 마음을 응원한다. 공식
홈페이지를 보면, 시모키타 선로 거리에 머무르지 않고, 거리의 매
력을 발신하는 웹 미디어인 '시모키타자와, 선로와 거리'도 전개
할 것이라고 한다.

오다큐전철은 시모키타 선로 거리를 통해 거리와 사람을 잇는
마을 만들기의 기반을 만들어가고 있다. 특히 지역 주민들의 자
발적인 참여를 이끄는 것이 목표다. 지원형 개발은 거리를 바꾸는
것이 아니라, 거리의 지원을 목표로 하는 만큼 오다큐전철은 개
발의 주체를 지역의 플레이어로 정했다. 오다큐전철은 지역이 지
닌 본래의 매력을 이끌어내고, 여러 사람과 물건과 일을 연결하는
것을 자신의 역할이라 밝혔다.

보너스 트랙

시모키타자와 개발 계획 중 내 마음을 사로잡은 것은 단연코 보너스 트랙이다. 보너스 트랙은 2020년 4월 오픈한 복합 시설로 음식점이나 잡화점, 주거 병설의 점포를 중심으로 코워킹 스페이스와 공유 키친, 이벤트 광장이나 갤러리 등 새로운 문화를 만드는 '참여형 공간'이다. 특히 눈에 띄는 점은 일본의 오래된 전통 주거 양식으로 여러 세대가 나란히 이어져 외벽을 공유하는 나가야 형식을 빌렸다는 것이다.

게다가 2층에는 1층 상점의 주인이 살 수 있도록 했다. 일종의 상가주택으로 일본의 상점가에서 흔히 볼 수 있는 건물이지만, 지금은 상점가가 쇠퇴하면서 일본 내에서도 많이 사라진 상황이다. 그러나 보너스 트랙에서는 점포와 주택이 함께 있는 건축물을 되살리면서, 젊은이들을 위해 직장과 주거가 함께 있는 새로운 직주일치를 추구했다. 1층에는 가게가 있고, 주인이 2층에서 살면서 손님을 맞이하는 것은 이곳이 단순히 방문객이 오는 동네가 아닌 사람들의 삶의 터전이라는 데 초점을 맞춘 것이다. 단적으로 표현하자면 '영업종료' 표지판이 문에 걸린 후에도 이 지역의 일상은 계속된다.

오다큐전철은 시모키타자와역을 재개발하면서 어떻게 하면 더

보너스 트랙 전경. 1층은 상점, 2층은 주거공간으로 사용하고 있다. ⓒbonustrack

보너스 트랙을 방문한 인근 지역 주민들과 상점 주인들이 연결되어 하나의 마을을 형성한다. ⓒbonustrack

많은 사람을 이곳으로 불러들일 수 있는지에 중점을 두었다. 단순히 역 주변에 멋진 건물과 가게들이 들어선다고 사람이 모여들지는 않는다. 다른 동네와는 다른 차별점이 필요했다. 보너스 트랙은 독립적인 소매사업independent retail과 고객 접대hospitality가 변화한 주거지역과 조화를 이루며 번창할 수 있는지를 보여주는, 자연스럽고 바람직한 케이스일 것이다.

이런 보너스 트랙을 기획한 사람은 누구일까, 라는 궁금증이 자연스레 들었다. 오타큐전철이 시모키타 선로 거리를 계획하면서 지역의 플레이어를 개발 주체로 선정할 거라는 이야기를 들었던 터였다. 보너스 트랙의 담당자는 'greenz.jp'이라는 웹 매거진과 니혼바시에서 '안돈ANDON'이라는 주먹밥 가게를 운영하는 오노 히로유키와, 시모키타자와의 터줏대감 격인 독립서점 '책방 B&B'를 2012년부터 운영해온 우치누마 신타로다. 보너스 트랙에는 현재 개성 넘치는 13개의 가게가 입점해 있다. 전직 편집자가 운영하는 카레&바 'ADDA', 유명 컬렉터의 레코드점 '피아놀라 레코드pianola records', 문화를 발신하는 서점 '책방 B&B' 등 시모키타자와다운 것부터, 일기 전문점 '일기가게 월일', 발효식품 전문점 '발효 백화점먼트', 고로케 전문점 '사랑하는 돼지 연구소 고로케 카페' 등 이곳에서만 만날 수 있는 독특한 가게들이다.

개발 소식을 접하자마자 직접 이곳을 보기 위해 도쿄로 떠날 준비를 하던 중, 코로나19로 가지 못한 것이 못내 아쉬울 뿐이다. 아쉬운 마음에 좀 더 자세한 이야기를 듣기 위해 보너스 트랙에서 '책방 B&B'을 운영 중인 우치누마 신타로 씨와 이메일 인터뷰를 해보았다.

"실험적인 시도를 할 수 있는, CD의 보너스 트랙 같은 장소가 필요했습니다."

이 __ 시모키타자와라는 동네 소개를 부탁드립니다.

우치누마 신타로(이하 우치누마) __ 시모키타자와역은 오다큐선小田
原線과 게이오 이노카시라선京王井の頭線이라는 2개 노선이 다니고
있어 도심 접근성이 우수합니다. 시부야까지 한 정거장, 신주쿠
까지 두 정거장이고, 54만m²의 면적을 자랑하는 도립 요요기
공원도 가깝죠. 아카사카, 히비야, 오오테마치 등의 오피스지구
나 패션이나 맛집 등의 상업시설이 풍부한 하라주쿠와 오모테산
도 역시 환승 없이 오갈 수 있어서 그만큼 살기에도 좋은 동네입
니다.

접근성 외에도, 소극장이나 라이브하우스, 헌옷 가게나 레코드

가게, 서점 등이 많은 지역으로 알려져 있습니다. 역 주변의 상가와 골목이 있어 걷기에 좋은 데다, 조금만 걸어가면 주택가가 나오는 지역입니다.

이 _ 철도가 지상으로 다니던 시절의 분위기와 지금의 차이가 있나요?

우치누마 _ 예나 지금이나 매력적인 분위기라는 점에서는 크게 달라지지 않았다고 생각합니다. 다만 10여 년 사이에 땅값이 올라 메인 상가에 체인점들이 많이 들어선 것이 안타깝습니다.

이 _ 처음부터 오노 히로유키 씨와 이 기획에 참여할 계획이 있었나요?

우치누마 _ 이번 재개발에서는 세타가야다이타~시모키타자와~토호쿠자와라는 3개의 역 사이를 '시모키타 선로 거리'라고 부릅니다. 그 안에서도 몇 개의 구역으로 나누어져 있습니다. 'greenz.jp'으로 이미 오다큐전철과 인연이 있었던 오노 씨에게 먼저 의뢰가 들어왔고, 그가 저에게 의논하여 함께 진행하게 되었습니다. 처음 오노 씨와 저는 각각 다른 지역을 상담하고 있었는데, 최종적으로 이번 구역을 같이 하게 되었습니다.

interview _ "실험적인 시도를 할 수 있는, CD의 보너스 트랙 같은 장소가 필요했습니다."

이 ＿ 오다큐전철과는 어떤 방식으로 협업했나요?

우치누마 ＿ 오다큐전철이 자사 토지에 건물을 세우고 그 지역 전체를 오노 씨와 제가 새롭게 시작한 회사 산뽀샤散步社가 20년 계약으로 빌린 후, 다시 산뽀샤에서 각 세입자에게 빌려주는 형태 입니다. 그 임대료의 차액으로 이벤트 운영이나 시설 관리 등을 하고 있습니다.

이 ＿ 오다큐전철은 어떤 회사라고 생각하나요? 이번 프로젝트 로 오다큐전철에 대한 생각이 바뀌었나요?

우치누마 ＿ 좋은 입지의 선로 철거지역을 활용해 높은 임대료를 받는 대신 마을의 매력을 재생하고 영속시키기 위한 투자로 돌리 는 결단은, 오다큐전철이기 때문에 실현되었다고 생각합니다.

이 ＿ 보너스 트랙에 참여한 이유는 무엇인가요?

우치누마 ＿ 기획도 좋지만, 무엇보다 오다큐전철이 요청한 것이 직접적인 계기 아닐까요. 저도 이 동네에서 서점을 하고 있고 앞 으로도 계속 하고 싶기 때문에. 서점과 동네의 관계를 계속 더 좋 게 만들어갈 필요가 있었습니다. 더 나은 동네 만들기에 제대로 참여하고 싶다는 표현이 정확하겠네요.

이 _ 보너스 트랙의 기획 컨셉은 무엇인가요?

우치누마 _ '새로운 상가'입니다. 이 부지는 보너스처럼 불쑥 나타난 것입니다. CD를 보면, 마지막에 종종 보너스 트랙이 있거든요. 음악가들은 그 보너스 트랙을 통해 실험적인 작업을 하는데, 여기서도 그러한 시도가 이루어집니다.

이 _ 보너스 트랙에 입주한 가게들의 선정 기준이 있나요?

우치누마 _ 아니요, 전례 없는 도전입니다. 시모키타자와는 원래 그러한 도전을 받아들이는 마을이었습니다만, 기존 상가에서는 임대료가 오른 탓에 어려워져 버렸습니다. 앞으로 시모키타자와다운 도전을 할 수 있는 장소로 만드는 것이 목표입니다. 시모키타 선로 거리는 일부 오픈했지만, 아직도 새로운 시설의 오픈이 예정되어 있습니다. 코로나 때문에 지연되어 2021년 6월 오픈 예정인 히가시키타자와 지역의 리로드는 세련된 매장이 모인 차세대 상업 존이 될 거라 생각합니다. 서서 마시는 선술집, 차와 빙수를 파는 찻집, 카레 가게, 안경점, 이발소, 커피숍, 북 스토어, 의류점, 문구잡화 등 총 24개 점포가 야외 통로로 연결됩니다. 100년 역사를 넘는 안경 브랜드 '마수나가MASUNAGA 1905', 저명 스타일리스트가 다루는 카레와 어패럴의 복합점 '산조 도쿄SANZOU

TOKYO', 사진에 포커스를 둔 아트 갤러리 '그레이트 북스GREAT BOOKS' 등 10개의 점포가 먼저 오픈할 예정입니다. 시모키타다움을 소중히 하면서 감성을 자극하는 '좋은 것'이 다채롭게 갖추어진다면, 로드숍이라 해도 골목을 거니는 즐거움이 묻어나는 장소가 되지 않을까요.

이 __ 주변과 비교해서 임대료는 어떤가요?

우치누마 __ 조금 쌉니다. 시세의 3분의 2 정도입니다.

이 __ 2층에 주거를 만들자는 아이디어는 어떻게 나온 건가요?

우치누마 __ 원래 건축제한이 있는 지역이라 주거의 일부만 점포로 사용해야 했습니다. 그럴 거면 그 제한을 그대로 살려서 상가 운영자에게 혜택을 주자고 생각했습니다.

이 __ 보너스 트랙을 찾는 사람들 중에 관광객과 주민들의 비율은 어떻게 되나요?

우치누마 __ 2020년 4월에 오픈했고, 공교롭게도 계속 코로나19가 심해지는 상황이었기에 관광객은 거의 방문하지 않았습니다. 전화위복처럼 오히려 근처의 주민 커뮤니티와 좋은 관계를 쌓아

도시를 바꾸는 공간기획

갈 수 있었습니다.

이 __ 보너스 트랙으로 이전한 '책방 B&B'에 대한 고객들의 반응은 어떤가요?

우치누마 __ 지하에서 녹음이 우거진 광장에 있는, 2층 건물로 이전하니 분위기가 아주 좋아졌습니다. 당연히 찾는 분들도 좋아할 수밖에요.

이 __ 보너스 트랙이 지속가능하려면 어떤 점이 중요할까요?

우치누마 __ 지금은 막 완성된 시점이므로 신선하게 느껴지는 건 당연하겠죠. 앞으로 5년, 10년, 20년, 계속해서 '늘 새로움'을 유지하는 것이 중요하다고 생각합니다. 생긴 지 1년밖에 지나지 않았기 때문에 아직 변화다운 변화는 찾아오지 않았다고 느낍니다. 앞으로의 변화가 기대됩니다.

이 __ 이곳이나 시모키타자와를 찾는 사람은 주로 누구이며, 어떤 목적으로 방문하나요?

우치누마 __ 앞에서도 말했지만 여행객이 올 수 없는 환경에서 가장 많이 방문하는 사람은 인근 주민입니다. 원래 시모키타자와에 자주 왔던 사람과 새로운 것을 좋아하는 사람. 특정 가게를 찾기 위해 오는 사람도 있지만, 단순히 도시 산책을 목적으로 하는 사람도 많아 보입니다.

이 __ 다른 관광지와 비교했을 때 시모키타자와의 장점은 무엇일까요?

우치누마 __ 낡은 것과 새로운 것, 삶과 상업, 젊은이와 노인, 최첨단의 것과 오래 지속되어 온 것이 각각 혼재되어 있어 걷다 보면 즐거운 동네입니다.

이 __ 지역 관공서와의 협업도 있나요?

우치누마 __ 옆의 산책로는 세타가야구의 관리이기 때문에 서로 협력하고 있습니다.

이 __ 보너스 트랙의 향후 목표는 무엇입니까?

우치누마 __ 저희는 잠재력 있는 입주 후보자들과 상담해 그들이 감당할 수 있는 임대료와 필요한 공간을 마련했습니다. 입주자들은 새로운 사업을 시작하기에 최상의 환경이라 말합니다. 그래서인지 사업주들은 매월 모임을 갖고 시설 개선을 위해 이야기를

120

도시를 바꾸는 공간기획

나눕니다. 일종의 공동체 의식이죠. 저희의 목표는 이러한 공공의
식을 바탕으로, 5년, 10년, 20년 계속해서 신선함을 유지하는 곳
으로 존재하는 겁니다.

동네와 지역의 맥락을 담은
스테이를 디자인하다, 지랩

"우리나라에선 돈이 아주 많아야 네가 말한 '집', 지붕이 있고 하늘이 보이고 마당이 있는 '집'에 살 수 있어. 그렇지 않은 우리 같은 중간 계층은 모두 아파트에 살아."

정은아의 소설 《잠실동 사람들》에 나오는 대화다. 프랑스에서 온 친구가 서울 잠실 아파트에 사는 희진에게 '왜 집에 살지 않냐'고 묻자, 해당 에피소드의 주인공인 희진이 답변하는 내용이다. 이에 대해 프랑스인 친구는 이어 말한다.

"(중략) 한국 에이전시한테 1년간 살 '집'을 알아봐달라고 했는데 계속 아파트만 권해줬거든. 왜 집이 아닌 아파트만 소개해주느냐 항의했더니 에이전시 사람이 너와 똑같은 말을 하더라고. 한국에선 주차장이랑 보도가 제대로 갖추어진 데서 살려면 아파트로 가야 한다고."

우리는 언제부터 하늘과 마당을 잃었을까. 나 역시 30년 넘도록 아파트에 살았다. 여섯 살에 시작된 아파트 생활은 서른아홉 살 결혼 전까지 이어졌다. 결혼 후 8년간은 빌라에 살았지만, 지금은 다시 아이의 학교 문제로, 아파트 생활로 돌아왔다. 어릴 적 효자동의 개인주택에 살던 친구 집 골목이 아직도 눈에 선하다. 고층 아파트가 즐비한 서울 한복판에 있다가, 1~2층 높이의 다양한 집이 양옆으로 펼쳐진 골목을 걸으면 외국 거리를 걷는 느낌마저 들었다.

2017년 8월 가족여행으로 떠난 제주도에서, 조천읍에 위치한 스테이 '눈먼고래' 주변을 걸으며 그 시절 효자동 골목이 다시금 떠올랐다. 조천읍은 서울의 아파트촌과는 확연히 다른, 하늘과 마당이 어우러진 마을이다. 이 길로 가도, 저 길로 가도 골목길은 전부 연결되어 있어, 결국엔 독채 펜션 '조천댁'에 다다를 수 있다. 다른 골목을 걸을 때마다 숨겨진 보물을 발견하는 것 같았다. 이

동네와 지역의 맥락을 담은 스테이를 디자인하다. 지랩

렇게 오래된 마을, 오랫동안 그 지역 주민이 생활해온 모양 그대로를 보존한 도시에서는 그 마을만의 매력을 체험할 수 있다. 이런 곳에, 바로 우리 도시의 미래가 있진 않을까? 눈먼고래를 건축한 사람도 그런 생각을 했던 건 아닐까?

내가 제주도에 관심을 갖게 된 건, SNS에 제주도에 관한 글을 자주 올리는 어느 건축가와 교류하면서부터였다. 10여 년간 소비자로서 도쿄, 싱가포르, 상하이, 서울에 있는 상업공간의 공간 경험과 브랜드 경험을 연구하다 조금은 회의를 느끼던 때이기도 했다. 서울의 많은 공간이 지역적 맥락이나 특성을 반영하기보다 '인스타그래머블'한 곳을 만드는 데 급급한 걸 보면서 자연스레 지역성에 대한 관심이 생겼고, 이 관심은 지역의 동네와 마을에 대한 호기심으로 이어졌다. 그 건축가를 통해 제주의 매력을 알게 되자, 제주의 라이프스타일도 눈에 들어오기 시작했다. 제주도는 국내에서도 다른 지역과는 확연히 다른 기후와 지형을 가졌기에 주거 형태 또한 다르다.

나는 이 '지역성'을 더욱 또렷하게 경험하고 싶은 마음에, 제주도에서 다양한 스테이를 기획하고, 설계 및 운영까지 하고 있는 지랩의 박중현 대표에게 전화를 걸었다.

"무엇을 경험하고 느끼고 싶은가요?"라는 것이 박 대표의 질문이었다. 그리고 제주도의 지역 주민들이 사는 마을을 체험해보고 싶다는 나의 대답에 그는 주저하지 않고 '조천읍'을 추천했다. 조천은 어업에 종사하는 주민들이 모여 사는 조용하고 작은 마을이다. 그곳에는 지랩이 설계부터 운영까지 하는 '눈먼고래'와 '조천댁'이 있다. 그의 추천을 신뢰했기에 당장 눈먼고래 2박, 조천댁 2박을 예약하고 제주도로 날아갔다.

서울 촌놈들이자 아파트 생활자인 우리 가족은 좁은 골목길이 익숙하지 않은 탓에 눈먼고래 주차장에도 무척 힘겹게 도착했다. 알고 보니, 기존의 조천읍은 골목이 매우 좁아 마을 한쪽에 주차장을 따로 만들어 두었다. 지역 주민들은 차를 타고 다니기보다는 걸어서 이동하는 게 익숙했다는 사실을 알 수 있었다.

눈먼고래와 조천댁을 인터넷에서 찾아본 첫인상은, 무척 소박하다는 것이었다. 조천 마을이나 제주 전역에서 쉽게 볼 수 있는 파란색 지붕, 검은 천으로 싸인 초가 지붕은 매우 평범해 보이지만, 조천이라는 마을과 완전히 조화를 이루고 있엇다.

제주도의 경우 시내 쪽은 개발이 한창이지만, 조천읍처럼 작은 동네에서는 토속적인 가옥 형태인 초재^{草材}가옥을 볼 수 있다. 특히 검은 그물 지붕의 초재가옥은 바닷가 마을에서 쉽게 볼 수 있는데, 소금기가 많고 거센 바람으로부터 기존의 초가지붕을 보호

초재가옥의 검은 그물지붕과 눈먼고래의 현대식 검은 지붕이 조화를 이루고 있다. ⓒ이원제

드론으로 찍은 제주도 조천읍 전경. ⓒ지랩

마을의 매력이 느껴지는 조천읍 골목. ⓒ이원제

조천댁의 주방동. 현무암을 인테리어 소재로 활용하여 실내에서도 제주다움을 느낄 수 있다. ⓒ이원제

두 채의 집이 마당을 끼고 나뉘어 있는 조천댁. ⓒ이원제

조천댁에서는 침실동과 주방동이 마당으로 연결되어, 신발을 신고 이동해야 한다. ⓒ이원제

하기 위해 그물을 덮어씌운 형태다.

눈먼고래 또한 초재가옥 형태를 살린 검은 지붕을 하고 있었지만 소재는 이전의 것과 달랐다. 제주 전통의 지붕을 그대로 살리면서도 현대적인 소재인 '징크'를 활용해 단단함을 더했다. 소재는 현대적이지만 오래된 마을의 맥락을 잘 살리려는 노력이 돋보이는 디테일이었다.

조천댁은 집이 두 채로 나뉘어 있다는 점이 독특했다. 침실동과 주방동이 마당으로 연결되어 있었고, 주방동으로 가려면 침실에서 나와 신발을 신고 이동해야 했다. 처음에는 무척 번거롭다고 느꼈지만, 곧 이것이 조천댁이 제안한 제주만의 독특한 라이프스타일 체험임을 이해하게 되었다. 제주도 가옥은 안채와 사랑채가 독립된 형태다. 육지에서는 안채=여성, 사랑채=남성이라는 성별로 공간이 분리되는 반면, 제주도는 안거리=부모세대, 밖거리=자녀세대로 공간을 분리하여 독립적으로 이용해 왔다. 세대별로 부엌이 달랐고, 식사도 따로 했으며 농사도 별도로 지었다. 같이 있지만, 따로 사는 방식이다.

조천댁은 이런 제주 전통가옥의 구조를 그대로 살리면서 디테일한 경험을 주는 곳으로 설계된 숙소다. 서양인들이 한국이나 일본을 방문해 신발을 벗는 문화를 체험하듯, 비를 맞으며 사랑방으로 이동하는 제주만의 독특한 주거 방식을 체험하는 것이 인상적이었다. 매주 수요일 아침에는 근처에 거주하는 매니저가 지역 재료를 이용해 신선하고 맛있는 아침을 차려주었는데, 제주 지역의 밥상을 경험할 수 있다는 점에서도 우리 여행의 목적과 맞닿아 있었다.

이런 기획, 이런 디테일은 어떻게 해낼 수 있는 걸까. 이 공간의 기획자는 서울에서는 만날 수 없는 공간을 구현함으로써 어떤 지역을 꿈꾸는 것일까, 자연히 궁금해질 수밖에 없었다. 이 공간을 만든 것은, 앞서 언급한 지랩이라는 건축사무소다. 지랩은 이상묵, 노경록, 박중현 세 명의 건축가가 공동으로 이끄는 회사로, 일반적인 건축사무소와는 다른 행보로 주목받고 있다. 이들은 건축가이고, 건축사무소를 운영하지만 단순히 건물설계만 하지 않는다. 지랩은 '지속가능함'을 철학으로 공간설계부터 기획, 때로는 운영까지 포괄적인 그림을 그리는 건축사무소다. 공간을 거닐며 살아갈 사람들을 생각하며 공간을 디자인하기에, 소비자를 분석하고 그들의 마음을 사로잡을 다채로운 콘텐츠를 만든다.

지랩에서 직접 만들고 운영하는 스테이를 총괄하는 브랜드는 '지스테이'다. 지랩의 공간뿐 아니라 건축가의 개성이 돋보이는 다른 스테이들을 모아 소개하는 '스테이폴리오'도 운영하는데, 이상묵 대표가 스테이폴리오의 대표를 맡고 있다. 온라인과 오프라인, 양쪽에서 더 나은 스테이를 제안하기 위한 활동을 하는 셈이다.

이들은 새로운 건물도 만들지만, 더욱 주목해야 할 점은 오래된 건축물을 지역에 녹여내고, 그곳에 사람이 찾아올 수 있게 만든다는 점이다. 그들은 건물의 감성과 시간을 존중하면서 오래된 건물의 맥락을 발굴하고, 무엇을 남기고 무엇을 버릴 것인지를 생각한다. 서촌에 위치한 지랩 사무실에서 이상묵, 노경록, 박중현 세 대표를 만나 도시의 지역성과 새로운 공간에 대한 이야기를 나눴다.

동네와 지역의 맥락을 담은 스테이를 디자인하다, 지랩

"지역민의 삶을 존중하고, 그에 녹아들기 위한 디자인이 중요합니다."

이원제 __ 지랩에 대해 간단히 설명해주세요.

노경록 지랩 공동대표(이하 노) __ 저는 지랩이 본질적으로는 공간 디자인 그룹이라고 생각합니다. 2013년에 처음 시작했는데, 그때부터도 건축사무소가 아니라 공간을 디자인하는 곳으로 알려지고 싶었어요. 물론 공간을 디자인하는 데 건축설계 디자인이 많은 부분을 차지하긴 하지만, 지속가능한 공간이 되려면 공간설계뿐 아니라 전체적인 기획과 브랜딩, 운영까지 해야 한다고 생각하거든요.

이원제 __ 대표가 세 분이신데요, 어떻게 함께하게 되셨나요?

박중현 지랩 공동대표(이하 박) __ 노경록, 이상묵, 저 이렇게 셋은 대학 선후배, 동기 사이예요. 저랑 노경록 대표는 99학번 동기고, 이상묵 대표는 00학번 후배죠. 대학 시절에는 사실 서로 그리 친하지 않아서 이렇게 같이 일하게 될 줄은 몰랐죠.

노 __ 이상묵 대표와 저는 대학 시절 공모전을 함께한 적도 있는데, 진짜 친한 사이는 아니긴 했어요. 어떤 사람들은 그래서 이렇게 같이 일할 수 있다고 하더라고요. (웃음) 이상묵 대표가 저희의 장점을 잘 알아서 저희 셋을 모았어요. 2011년에 제로플레이스 프로젝트를 같이 했어요. 제로플레이스는 원래 '영가든'이라 불리는 음식점이었어요. 이상묵 대표의 부모님이 충청남도 서산에서 운영하던 공간이었죠. 공간 기획부터 운영까지 전부 디자인했습니다. 셋 다 회사를 다니던 시절이었는데, 그때 같이 일하면서 재밌었어요.

이원제 __ 제로플레이스는 세 분의 활동 방향을 정하는 데 큰 역할을 한 프로젝트로 알고 있어요. 이에 대해 조금 더 설명해주세요.

노 __ 저희의 첫 재생건축 프로젝트인 셈이에요. 사실 2008년에도 프로젝트를 같이한 적이 있어요. 이상묵 대표 부모님께서 펜션을 하고 싶어 하셨는데, 당시 막 창업한 이상묵 대표의 은사님께

interview _ "지역민의 삶을 존중하고, 그에 녹아들기 위한 디자인이 중요합니다."

서 건축을 해주셨어요. 수화림이라는 공간인데, 그곳의 브랜딩 및 운영을 같이 작업했습니다. 그 후 이 대표의 부모님께서 운영하던 '영가든'을 고쳐보자는 제안을 주시면서 저희가 다시 뭉쳤어요. 영가든은 시대가 변하면서 운영이 어려워지기도 했고, 주변의 개발로 변화가 필요해진 시점이었어요. 저희는 이 건물을 잘 개발하면 대안이 될 수 있을 거라 생각했습니다. 논의 끝에 '스테이'로 방향을 잡고 리모델링, 브랜딩, 운영까지 다 하기로 했습니다. 사실 그때는 사업적으로 접근한 건 아니었고, 그냥 당연히 운영까지 해야 한다고 생각하고 시작했어요.

건물은 그대로 두고 공간을 재해석하는 관점으로 접근했습니다. 사실 제로플레이스라는 이름도 '영가든'을 재해석한 거죠. 영은 제로, 가든은 플레이스로 생각했어요. 이 프로젝트를 하고 난 후에 창업을 했습니다.

이원제 __ 창업 후에는 또 어떤 작업들을 했는지 간단히 소개해주세요.

이상묵 지랩 공동대표(이하 이) __ 뉴타운 재개발 해제 후 동대문 한옥을 개조한 창신기지, 제주도 조천읍의 눈먼고래, 서촌 이화루애 등 오래된 건물을 재해석하는 작업을 꾸준히 했고요. 지랩이 만든 건물을 '지스테이'라고 해서 저희의 오리지널 포트폴리오처럼 생각하고 있습니다. 저는 커머스에 관심이 많고, 경험을 좀 더 쉽게 사고팔 수 있도록 인터넷 사이트에 쇼핑몰까지 만들고 싶었어요. 그걸 구현한 것 중 하나가 스테이폴리오입니다. 좋은 스테이를 큐레이팅하고 소개하는 웹진이자 예약 플랫폼이죠. 저희 지랩과 IT 플랫폼을 만드는 개발회사, 전체적인 비주얼 브랜딩을 하는 디자인회사, 이 세 곳이 손잡고 스테이폴리오를 운영해요. 참고로 저희는 호텔이라는 말은 상업적이고 한정적이어서 지양하는 대신, 스테이라는 단어를 쓰고 있습니다.

이원제 __ 세 분이 추구하는 가치관이 비슷한 것 같은데, 일하는 방식이 궁금합니다.

박 __ 저희 셋은 취향이나 성격은 다르지만 생각하는 방향이 같습니다. 생각하는 방식은 다르니 당연히 결과도 다 다릅니다. 그래서 누군가는 양보를 하고 누군가가 욕심을 내면 또 그 이야기를 들어줍니다. 좋은 공간, 브랜드, 경험을 위해 하는 노력의 방향이 같은 거죠.

노 __ 일단은 같은 대학에서 비슷한 교육을 받았습니다. 저희가 건축을 바라보는 관점의 저변에는 도시의 중요성이 깔려 있습니다. 일만 놓고 봤을 때는 사람들이 좋아하는 공간을 완성도 있게 잘 만들고 싶다는 생각이 일의 원동력입니다.

이원제 __ 제로플레이스를 설명하면서 재생건축을 언급했는데, 지랩이 추구하는 건축의 컨셉이 재생건축인가요?

노 __ 지랩의 건축이 재생건축이라고 단정되길 원하지는 않습니다. 신축에서 리모델링, 브랜딩이나 인테리어 또는 가구까지 다양한 분야와 방법의 공간 디자인을 고민하고 있죠. 다만 모든 프로젝트는 지역적 탐구를 기반으로 기회를 찾아내는 데서 시작합니다. 결국 지랩은 장소가 가진 매력을 다시 발굴하는 재생에 관심이 있습니다.

이원제 __ 지역을 보존하고 재생하는 데 관심을 갖게 된 계기는 무엇인가요?

노 __ 세 대표 모두 직장생활을 하면서 겪었던, 지역의 삶과 가치가 배제된 개발중심적인 도시 계획과 디자인에 지쳐 있었던 것 같아요. 그러던 중 제로플레이스 프로젝트를 진행하면서, 기존의 건물을 유지하면서도 새롭게 해석한 결과물이 얼마나 중요한지를 깨달았습니다.

그다음 창업 후 맡은 첫 번째 프로젝트가 창신기지 프로젝트예요. 수십 년째 재개발로 묶여 있던 창신 지역에 기존 건축물인 한옥의 구조를 살려 디자인을 입히고 도심 속 렌탈하우스라는 새로운 운영방식을 도입했죠. 그러면서 지속가능한 사업 구조를 만들었고, 많은 분들의 관심과 호응을 얻었습니다. 이때 지역의 보존과 재생에 대한 생각이 단단해졌습니다. 때마침 호텔이나 리조트가 아닌, 독특하고 개인적인 공간에서의 스테이 붐이 일면서 시대 흐름과도 잘 맞았고요.

이원제 __ 재생건축을 하는 데 어려움은 없나요?

박 __ 우리나라는 아직 재생건축에 대한 규제가 없어요. 저희가 규제를 만들고 있다고 할 수 있죠. 무엇이 가치 있는지 판단하고, 무엇을 남겨야 할지 결정하면서 어떻게 공간 경험을 만들지를 항상 고민합니다.

이원제 __ 무엇을 남길지는 어떻게 결정하나요?

노 __ 건물의 아이덴티티를 중요시하고, 세 명의 직관으로 판단합니다. 예를 들어 제로플레이스에는 아치형의 창이 있는데 아이덴티티를 나타내는 요소라 생각해서 없애지 않았어요. 눈먼고래

interview _ "지역민의 삶을 존중하고, 그에 녹아들기 위한 디자인이 중요합니다."

의 초재지붕도 그렇습니다. 예산 제한도 있었지만 지붕만은 꼭 지키고 싶었어요. 사실 옛것에서 일부를 남긴다는 건 쉽지 않은 일이에요. 건축주를 설득해야 하는 문제기도 하고요. 하지만 리노베이션에서 가장 중요한 건 '남기는 것'입니다. 그냥 전부 부수는 건 오히려 쉽죠. 해외에는 옛것을 보존한 공간이 많은데 우리나라에는 그런 곳이 별로 없어서 항상 안타까웠어요. 저희는 후세에 남겨주고 싶은 공간, 지속가능한 공간을 만들고 싶습니다. 사실 제로플레이스 같은 프로젝트를 하지 않았다면 저희도 변하지 않았을 거예요. 그때 받은 피드백을 통해 저희도 이런 생각을 하게 되었습니다.

이원제 __ 지랩이 만든 공간을 알리는 용도로 스테이를 선택한 이유는 무엇인가요?

노 __ 저희가 하는 것 중에는 스테이인 것도 있고 아닌 것도 있지만, 스테이를 하게 된 이유는 도시재생 때문이에요. 많은 분들이 지역 도시의 특색을 그대로 보존해야 한다고 하시지만, 사실 공적으로 그걸 실현할 방법이 그리 많지 않습니다. 땅이든 건물이든 개인 소유자가 있으니까요. 그걸 실현하자고 개인의 재산을 강제로 제한하는 방법은 좋지 않다고 생각합니다.

힘이 있는 공간은 디자인이 있는 공간이고, 그런 공간을 만들면 수익적으로 가치가 있을 거라 생각했습니다. 있는 건물을 밀고 새로 짓기보다는 기존의 건물을 활용해서 이걸 해내고 싶었고요. 그렇게 되면 기존의 건물들이 또 다른 기회를 갖게 되어 도시재생 역할을 하지 않을까 해서 스테이를 선택하게 되었습니다. 그리고 옆에 있는 이상묵, 박중현이라는 두 대표이자 친구가 도시 개발을 전공했기 때문이기도 하죠. (웃음)

이원제 __ 스테이를 운영하면서 특별히 신경 쓰는 원칙이 있나요?
박 __ 스테이에서 가장 중요한 것은 경험입니다. 짧게는 하루, 길게는 일주일가량의 여행을 위해 오랜 시간 동안 스테이를 고르고 예약하고 기다린 후 공간에 찾아옵니다. 고민하고 기다린 만큼 그 공간에서의 경험은 가치가 있어야 한다고 생각합니다. 지랩이 만든 스테이에는 가치 있는 공간 경험을 위해 가장 우선시해야 할 다섯 가지 요소가 있어요. 바로 빛, 온도, 향, 음악, 촉감입니다.
대부분의 사람이 입실하는 시간은 여행의 하루 일과를 마친 때입니다. 어둠이 찾아올 무렵에 적당하게 밝은 공간의 빛과, 여름에는 시원하고 겨울에는 따뜻한 공간의 온도를 유지하고 공간을 채우는 스테이만의 향과 음악으로 손님을 맞이합니다. 아울러 손으로 만져지는 모든 것에 감성을 느낄 수 있는 재료의 물성을 의도함으로써 공간에서 하고 싶은 이야기를 전달하게 됩니다.

이원제 __ 왜 지스테이를 론칭했나요?

이 __ 넷플릭스 비슷한 건데요, 넷플릭스가 훌륭한 오리지널 시리즈를 확보함으로써 유저들의 충성도가 높아지잖아요. 그런 것처럼 스테이폴리오에서는 지랩의 오리지널 공간인 지스테이가 있다는 확신을 주고 싶었어요. 스테이폴리오에 올라온 모든 건축가의 홈페이지를 만들어서, 그들의 스테이를 인터넷에 전부 넣고 싶었죠. 또 버튼 하나로 결제할 수 있게 만들고 싶었습니다. 부모님과 함께 스테이 공간을 운영하면서 숙박업이 음성적이라는 걸 알게 됐어요. 그 부분을 수면 위로 끌어올리고 싶었습니다. 지하경제를 양성화하고 싶은 마음 같은 거죠. 현재 국내에서 현금이 도는 몇 안 되는 시장이 숙박시장과 웨딩시장인데, 결제 시스템이 바뀌면 모든 게 다 노출될 겁니다.

여기에 기존 숙박시설이나 에어비앤비와 차별화하려면 좀 더 스타일링한 콘텐츠를 강조할 수밖에 없었어요. 아이덴티티를 찾을 수밖에 없었고, 그것이 창신기지, 독채 펜션 등으로 나타난 거죠. 지금도 여러 가지 아이템을 찾고 있습니다. 테마형 스테이, 취향이 단단한 호스트가 있는 스테이 등으로 확장하고 싶어요. 개인의 감성과 집을 하나의 브랜드로 만들어 소개하고 싶은 거죠.

이원제 __ 지스테이는 숙소 자체를 즐기는 여행, 숙소를 기반으로 하는 지역 여행을 제안하는 것 같네요.

노 __ 제로플레이스에 관한 책을 만든 것도 그런 이유입니다. 제로플레이스는 숙소에 오면 다른 즐길 거리가 없었어요. 이왕 오신 분들에게 이 공간이 어떻게 탄생했는지와 주변의 좋은 곳들을 알려주고 싶었죠.

이원제 __ 지스테이의 숙박비가 낮은 편은 아닌데, 가격은 어떻게 책정하나요?

노 __ 공간 예산이 책정됐을 때부터 숙박비를 고민해요. 정해진 예산을 갖고 사업적으로도, 공간적으로도 의미 있게 만들려면 아무래도 투자비가 중요하죠. 회사로서 이익을 내는 것과 디자이너로서 멋진 결과를 내는 것을 잘 조율해야 합니다. 먼저, 건축주가 감당할 수 있는 예산과 실제로 만들고 싶은 경험의 끝단을 놓고 건축주와 솔직하게 이야기를 나눕니다. 만약 예산이 부족하면 다른 방식을 찾아야 하니까요.

이 ＿ 저희가 고려해야 하는 비용에는 공간을 만들 때 필요한 비용과 건축주가 가용할 수 있는 비용이 있어요. 저희는 어느 정도의 비용으로 어느 정도의 공간이 나올지 예상할 수 있는데, 건축주 비용에 맞추어 최대한 좋은 공간으로 만들어야 하죠. 만약 예산이 풍부하다면 좀 더 좋은 경험을 뽑아낼 수 있는 방법을 고민합니다. 공사비에 돈이 많이 들어갔으니 우리도 많이 받아야 한다고 하는 게 아니라, 공간의 가치, 경험, 브랜드 비용 등 가치 비용을 숫자로 산정합니다.

이원제 ＿ 지스테이는 직접 운영도 하고 있는데, 운영 측면에서 가장 큰 특징은 무엇인가요?

노 ＿ 유지비가 저렴한 것입니다. 비즈니스는 하루하루가 전쟁이에요. 저희는 아예 무인으로 운영할 수 있는 공간과 매니저 혹은 호스트가 관리하는 공간으로 나누었어요. 무인으로 운영하는 경우에는, 체크인 때 호스트를 볼 수는 없지만 저희가 스테이에서 중요하게 여기는 다섯 가지, 앞서 이상묵 대표가 말했던 빛, 온도, 향, 음악, 촉감을 느낄 수 있게 합니다. 또 지역 주민이 호스트이거나 관리를 할 경우에는 특별한 프로그램이 나올 수 있어서 저희만의 독특한 파괴력이 된 것 같습니다.

이원제 __ 무인 운영에 대한 이용자의 반응은 어떤가요?

이 __ 직접 스테이를 운영하면서 서비스에 대해 많이 생각했어요. 좋은 서비스는 배려에서 나오는데, 배려는 보이지 않는 데서 나온다는 걸 운영하면서 깨달았습니다. 보이지 않는 세심한 배려가 중요해요.

노 __ 저희가 창신기지를, 주중에는 사무실로 쓰고 주말에는 스테이로 운영했어요. 저희가 주중에 머물렀던 흔적이나, 저희가 남겨 둔 음식 같은 작은 배려들이 주말에 이용하는 사람들에게 감동을 줬던 것 같습니다. 그때의 경험이 체계화되면서 발전했어요. 마치 사람이 있었던 것 같은 느낌이 중요하단 걸 깨달았죠. 아무리 무인으로 운영한다 해도 사람이 만들 수 있는 것들이 중요해요.

이 __ 특히 눈먼고래의 성공이 많은 걸 바꿨어요.

노 __ 눈먼고래의 매니저는 은행원이었어요. 서비스업을 아는 분이죠. 실제로 관리하는 일에 자부심도 많은 분이세요. 거기는 호스트와 저희가 함께 만들어가는 공간이에요. 저희 역할이 단지 만드는 것만으로 끝나는 게 아니라 스테이폴리오를 통해 스토리를 공유하고 플랫폼을 제공하면서 계속 연결되죠. 사람과 사람의 소통이 중요한 것처럼요.

이 __ 직원과 회사도 마찬가지예요. 회사는 직원의 본질을 어떻게 이끌어낼까 고민하고, 직원은 어떻게 하면 지랩에 누가 되지 않을 수 있을까 고민할 때, 건축주나 스테이 이용자들에게 좀 더 좋은 것을 제공할 수 있죠. 스테이의 매니저와 이용객 사이도 마찬가지입니다. 이런 상호작용, 브랜드의 결에 서로 공감하며 함께 갈 수 있는 정성이나 마음이 중요합니다.

이원제 __ 지랩으로서가 아니라 개인으로서 스테이를 짓는다면 어떤 스테이를 만들고 싶나요?

노 __ 저는 10~12명 정도의 지인들이 개인적으로 사용하는 목적으로 작은 코티지를 만들어보고 싶어요. 장소는 도심이면 좋겠고요. 소수의 사람이 각자의 개성을 오묘하게 조합한 스테이를 만들고 싶습니다.

박 __ 뉴욕, 파리 등 글로벌한 도시에 그동안의 노하우를 녹아낸 스테이를 만들어보고 싶어요. 우리가 만들고 있는 조금은 다른 경험을, 더 다양한 사람들이 경험할 수 있으면 좋겠습니다.

이원제 __ 지스테이의 스테이들이 제주도에 생긴 이후 지역 주변에 어떤 변화가 생겼나요? 주민들의 반응도 궁금합니다.

박 __ 제주도의 경우 처음 스테이를 만들고 5년이라는 시간이 흘렀어요. 스테이를 만들 때부터, 제주도라는 지역에 대한 고민과 이해를 통해 지역의 문화를 해치지 않고 맥락을 지켜가며 공간을 만들자는 원칙을 세웠습니다. 그 원칙은 지금까지도 변함이 없어요. 스테이가 생긴다고 지역에 큰 변화가 생긴다거나 지역의 어떤 변화가 스테이에 영향을 미친다고 생각하진 않아요. 다만 조천의 스테이들은 마을 주민들과 함께, 상생하는 방향으로 만들어가고 있다고 생각해요.

서울의 서촌 역시 마을의 역사와 특성이 뚜렷한 동네예요. 오래된 한옥을 고쳐 만든 작은 스테이들이 하나둘 모여 이제 다섯 개가 되었죠. 지랩과 스테이폴리오의 사무실이 있는 동네라 아침에 출근하고, 점심 먹고, 커피 마시고, 저녁을 먹는 삶의 공간에서 다양한 마을 주민을 만나요. 서촌도 워낙 커뮤니티가 단단한 동네다 보니, 서촌에서 생활한 지 5년이라는 시간이 흐르면서 자연스럽게 그 커뮤니티에 녹아들어 함께 이야기를 나누고 있죠. 이제 이들은 스테이라는 연결고리를 통해 이어져, '마을호텔'이라는 이름으로 한걸음 나아가려는 순간에 있습니다.

이원제 __ 지스테이에서 제공하는 건물의 감성과 시간성이 지역 주민에게도 영향을 미치나요?

interview _ "지역민의 삶을 존중하고, 그에 녹아들기 위한 디자인이 중요합니다."

박 __ 질문과는 반대로, 지역의 감성과 시간성이 건물과 그 공간에 머무는 사람들에게 영향을 미친다고 생각해요. 주변 지역 주민에게는 새로운 시각으로 자신의 마을을 바라보는 역할을 한다고 생각합니다.

이원제 __ 지역 주민과 협업하는 경우도 있나요?

박 __ 제주에서 만든 공간 중 조천의 다양한 스테이들은 시작부터 지역 주민과 함께했어요. 눈먼고래 공사에서는 처음 철거하러 오신 포크레인 기사님 부부와 함께 조천댁을 만들었고, 그 후에도 작업해오며 관계를 유지하고 있습니다. 눈먼고래, 조천댁 등 다양한 스테이를 관리해주시는 매니저님은 공간을 만들고 운영하는 과정에서 없어서는 안 될 분이고요. 그분들이 연결해준 매니저님들을 통해 많은 스테이를 효율적으로 운영, 관리하고 있습니다.

이원제 __ 지역 주민과의 협업을 통해 지역사회의 일자리 창출에까지 기여하고 있군요. 초기와 비교할 때 가장 많이 달라진 것은 무엇인가요?

박 __ 처음 스테이 공간을 디자인할 때는 건축주에게 많은 걸 가르쳐야(?) 했어요. 인테리어의 분위기상 파란 쓰레기통이나 빨간

고무장갑은 안 된다는 걸 말이죠. 하지만 지금 저희를 찾아오는 분들은 그 결을 이해하고 계세요. 이미 이 공간에 무엇이 들어가야 하는지 아는 분들이고, 스테이에 오는 분들도 어떻게 즐겨야 할지 알고 있습니다.

이원제 __ 자신이 만든 공간을 이해하고 이용하는 사람이 있다는 건 행복한 일일 것 같습니다.

이 __ 그런 분들은 할인해드리고 싶습니다. 그분들은 저희가 할 수 있는 것보다 더 많은 퍼포먼스를 보여주니까요.

박 __ 초기에 찾아오는 고객들은 스테이 가격인 50만 원어치의 서비스를 받고 싶어 했어요. 지금은 그런 사람은 없습니다. 요즘 이용객들은 왔다 간 흔적도 안 남겨요. 굉장히 깔끔하게 해놓고 떠나시죠. 시간이 지날수록, 스테이폴리오의 브랜드 가치가 점점 쌓일수록, 게스트도 그 가치를 높이 평가해주는 분들이 오신다는 게 느껴집니다.

이원제 __ 지랩의 가치를 실현하면서 지역에서 살아남기 위해 세운 원칙이 있나요?

노 __ 서울의 원도심, 제주도의 시골마을 등 지역성이 강한 지역일수록, 지역을 바라보는 원칙이 중요합니다. 지역민의 삶을 존중하고, 주목받기보다 그에 녹아들기 위한 디자인이 필요합니다. 예를 들면 지랩의 원칙 중에 '제주도에 2층 이상 건물은 설계하지 않는다'가 있어요. 원도심이나 주변 환경, 마을에 영향을 미치지 않는 장소라면 괜찮겠지만, 아직 낮은 건물이 주를 이루고 수평적 풍경이 인상적인 제주도에서 이 원칙은 중요합니다.

수평적 호텔, 서촌유희 프로젝트

이원제 __ 스테이폴리오에서는 크라우드 펀딩도 진행하고 있죠.

이 __ 스테이폴리오는 이제 팬덤을 단순한 '유저'가 아니라 참여의 주체로 생각합니다. 사이트 한쪽에서는 펀딩을 오픈해, 투어도 하고 설명회도 합니다. 한편으로는 빈집을 가진 사람들을 모으고 있습니다. 그들에게도 설명회를 하고 있죠. 제작환경을 바꿀 수 있으니까요.

한 번은 친구가 의뢰를 했는데, 프로젝트의 시작과 끝만 볼 수 있다, 우리가 만들고 싶은 대로 만들겠다, 운영도 우리가 5년 동안 하겠다고 했죠. 친구가 불안해하는 걸 보면서, 의뢰인을 백으로 쪼개면 괜찮지 않을까 싶었습니다. 대중이 의뢰인이 돼서 그들이 만들고 싶은 걸 만들어주는 겁니다. 넥스트 비전이죠.

이원제 __ 지랩의 사무실이 있는 서촌을 중심으로 '서촌유희'라는 프로젝트를 진행 중이라고 들었습니다. 어떤 프로젝트인가요?

노 __ 서촌에서 오랫동안 터를 잡고 일하면서, 저희가 이 동네의 플레이어가 되어야겠다고 생각했어요. 그게 서촌유희라는 프로젝트입니다. 이곳에서는 '누와'와 '일독일박'이라는 스테이를 직접 운영하고 있습니다. 잠만 자는 곳으로 둘 게 아니라, 어떻게 다른 프로그램들과 엮어 선보일 수 있을지 고민했습니다. 고민 끝에 동네 전체를 호텔이라는 개념으로 본다면, 서촌의 여러 공간을 연결해주는 로비 같은 공간으로 만들고자 했습니다. 서촌에는 이미 여러 좋은 프로그램이 많아요. 카페도 많고 식당도 많죠. 게다가 젠트리피케이션 문제가 생기고 있는 동네이므로 이곳들을 연결하는 '수평적 호텔'이란 개념을 생각했습니다.

이원제 __ 수평적 호텔, 재미있는 말입니다. 조금 더 설명해주실 수 있나요?

노 __ 서촌에는 좋은 경치, 카페, 콘텐츠가 많습니다. 이런 것들을 수평적으로 연결하는 개념이 수평적 호텔이에요. 큰 호텔에 가면 1층엔 레스토랑, 2층엔 콘텐츠 공간, 이런 식으로 투숙객이 즐길 수 있는 콘텐츠들이 층층이 수직적으로 쌓여 있잖아요. 엘리

interview _ "지역민의 삶을 존중하고, 그에 녹아들기 위한 디자인이 중요합니다."

베이터가 이 공간들을 연결하는 역할을 하죠. 그런데 서촌에서는 골목이 엘리베이터 역할을 하는 거예요. 마을 전체에 이런 콘텐츠들이 자리잡고 있고요. 숙소, 동네 상점, 공방 문화재, 서촌 10 경, 동네 문화 콘텐츠, 동네 음식점, 이 여섯 개를 서촌의 골목들이 수평적으로 연결하는 거죠.

이원제 __ 서촌유희 프로젝트를 하게 된 계기는 무엇인가요?

이 __ 계속 제주도에서 작업을 하다가 망가져가는 서울을 보면서 안타까웠어요. 지속가능한 서울을 만드는 방법이 없을까 고민했습니다. 그래도 주거지역이 있는 곳은 상업지역과는 뭔가 다르지 않을까 생각했어요. 또한 저희가 사업 초기부터 자리잡아온 서촌에 서비스를 해주고 싶었고, 나아가 또 다른 지역 사람들에게 이 동네를 안내해주고 싶었죠.

노 __ 저희가 만든 스테이가 쌓여가면서 생긴 고민이에요. 스테이에는 하루에 한 팀, 많아야 4~5명이 묵습니다. 그 사람들에게 서촌의 라이프스타일을 보여주고 싶었어요.

박 __ 이를테면 저희는 마을호텔의 총지배인 같은 사람이 되고 싶은 겁니다. 호텔리어의 관점에서 사람들이 왔을 때 좋은 공간을 소개하고 싶어요. 손님을 초대했으니 응당 해야 할 일이죠. 저

서촌다움이 느껴지는 서촌의 야경. ⓒ지랩

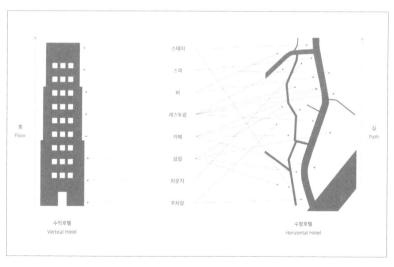

서촌유희(마을호텔)의 컨셉을 보여주는 다이어그램. ⓒ지랩

희의 공간이 많아지면서, 얼마나 더 좋은 서비스를 할 수 있을지 생각하다 나온 프로젝트입니다.

이원제 __ 서촌 지역 주민들의 반응은 어떤가요?

박 __ 서촌에 대한 애착이 많으신 분들이라 좋은 공간과 좋은 이야기가 하나둘씩 생겨나는 것을 매우 반겨주셨고, 다양한 조언을 아끼지 않으셨습니다.

이원제 __ 이 프로젝트를 진행하면서 세운 기준이 있나요?

박 __ 지금 생각해보면 서촌유희는 2014년 서촌에 지랩의 사무실인 '서촌차고'를 만들면서 시작되었어요. 그 후 서촌차고를 지키던 지랩과 스테이폴리오는 서촌의 많은 사람들과 좋은 관계를 맺으며 함께 성장해왔습니다. 서촌에 사는 주민들은 딱 잘라 정의하지는 않지만 서촌다움이 무엇인지 알고 있습니다. 그 서촌다움을 유지해가는 것이 서촌유희가 해야 할 일이고, 하나의 기준이라고 생각합니다. 아직까지 서촌유희 프로젝트는 다양한 실험을 하는 단계입니다. 관계에 대한 실험, 제도에 대한 실험, 디자인에 대한 실험이 모여 서촌유희가 단단해지고 있습니다.

이원제 __ 그중 지랩에서 운영하는 '한 권의 서점'이라는 공간이 눈에 들어왔어요. 서점의 컨셉이 무엇인지, 추구하는 바가 궁금합니다.

노 __ 처음에는 단순히 서점을 하고 싶다는 생각으로 시작했어요. 서촌다운 서점이요. 우리의 관점을 담은 찻집을 하면 잘할 수 있을지도 모릅니다. 하지만 그것이 서촌에 도움이 될까요? 도움이 되는 공간을 만들고 싶었거든요. 마을의 리셉션 같은 공간 말이죠. 문화적인 공간, 전시, 판매 콘텐츠를 중심으로 하는 가게입니다.

박 __ 저희는 하고 싶은 게 많은데, 그게 서점으로 표현되었죠. 콘텐츠를 계속 생산해서 전시하는 일을 합니다. 서점이라는 공간은 책을 파는 공간입니다. 한 권의 서점은 책을 팔기보다는 전시하는 공간, 이야기를 전달하는 공간에 가깝습니다. 그만큼 손님들이 머무는 시간이 깁니다.

노 __ 작은 공간이고 최소한의 비용으로 해보자는 생각으로 시작했습니다. 지금도 인건비는 안 나오지만 월세는 냅니다. 사람들이 계속 찾아온다는 사실이 의미 있다고 생각합니다. 어떤 한 사람의 능력을 넘어선 거니까요. 이제는 대표보다 직원들이 더 공간에 영향을 미칩니다. 스테이폴리오나 한 권의 서점 직원들도 대부분 주체적으로 일합니다, 주인의식을 갖고 있죠.

이원제 __ 왜 건축주들이 지랩을 만나고 싶어 하는 걸까요?

이 __ 저희는 현재 실현 가능한 필지 단위의 재생에 대한 해법을, 밀레니얼 세대에게 감성적으로 보여주고 있습니다. 부동산 자산을 가진 사람 입장에서는, 이제 단순히 임대만으로는 수익이 나지 않아요. 저성장 시대이기에 고객에게 풀 스펙을 제공해야 하죠. 저희가 만든 스테이 공간이 그런 부담감을 가진 건축주들의 흥미를 끌었다고 생각합니다.

지금까지는 이 흐름을 해석해내는 사람이 없었습니다. 특히 기업에서는 디자인, 건축, 설계, 웹 모두 따로따로 했으니까요. 그런 면에서 가성비도 좋습니다. 디자인, 건축, 설계, 웹 사이트 각각 별도의 회사에 연락해서 일하는 것보다 편하니까요. 저희는 모든 분야에서 경험이 있고, 이 모든 것을 한 번에 생각하는 곳은 없을 테니까요. 그런 이유가 아닐까요.

이원제 __ 지랩만의 장점은 무엇이라 생각하십니까?

노 __ '눈먼고래'에 충격받았다는 분도 있어요. 하루 숙박비가 50만 원이라면 결코 싸지 않은데, 도착해보니 생수 한 병도 없어서 충격이었다고 하시더군요. 하지만 그곳에 묵으면서 그 생각이 바뀌었다고 합니다. 완전히 만족했다는 이야기를 들었죠. 또 제로플레이스의 원래 이름은 '영가든'을 '제로플레이스'로 바꾼 센스, 해석력을 높게 보는 분도 있었죠.

이 __ 저도 네이밍 센스가 좋다는 이야기를 많이 듣습니다. 그리고 제주도의 '눈먼고래'를 리노베이션할 때는 서까래를 지켰고, 제로플레이스는 아치창을 남겼어요. 이렇게 옛것을 지키고 남겨놓는 해석이 좋다는 분도 많습니다.

노 __ 저희가 리노베이션 공사에서 가장 중요하게 여기는 건 남기는 거예요. 그냥 모두 부수면 더 쉽습니다. 하지만 남겨야 한다고 생각하는 건 남깁니다. 저희 세 명의 직관으로 판단하죠.

지금은 지랩이 만들었다면 무조건 찾아오는 사람도 있어요. 독특해서 일부러 찾아온다고 합니다. 이런 저희 생각이 시대적으로 잘 맞았던 건지 저희의 결과물이 정말 좋았던 건지는 잘 모르겠습니다.

이원제 __ 건축 의뢰도 많이 들어올 것 같습니다. 혹시 의뢰를 받는 조건이 있나요?

노 __ 처음부터 예산에 대한 이야기를 합니다. 지랩이 만든 공간을 보고 오시지만, 현실적으로는 예산이 부족한 경우도 많으니까요. 저희는 예산을 처음부터 묻습니다. 어느 정도 예산을 융통할 수 있거나 건축주의 신념이 있다면 예산이 부족해도 받아들일 수 있어요.

이원제 __ 건축주의 신념이라면, 어떤 것인가요?

노 __ 제주의 팜스테이 '송당일상'이 바로 그런 예입니다. 근대화 이전의, 시멘트로 만든 돌집이었어요. 그래서 시공비를 줄일 수 있었죠. 건축주가 좋은 사람이에요. 저희는 팜스테이가 처음이었고, 장소도 좋았습니다. 그래서 꼭 해보고 싶었습니다. 서로 놓치고 싶지 않아서 예산을 조율하며 작업했죠. 고민한 만큼 오래 걸리기도 했습니다. 건축주 본인이 브랜딩을 하는 사람인데도, 저희를 믿고 브랜딩을 맡겨줬어요. 저희 기획을 그대로 받아들였고, 운영하면서 부족한 건 건축주 스스로가 채웠습니다. 사업적으로는 그곳이 가장 성공했는데, 그건 호스트의 힘이라고 봅니다.

이원제 __ 지랩이 나아갈 앞으로의 목표는 무엇인가요?

박 __ 지금도 그렇지만 앞으로도 지역성, 로컬 커뮤니티, 비즈니스 모델 등을 화두로 계속 작업할 것입니다. 다만 하나의 프로그

램만 운영하거나 일관적인 디자인을 구현하기보다, 다양한 지역
과 프로그램을 기반으로 디자인을 시도해보고 싶습니다.

interview _ "지역민의 삶을 존중하고, 그에 녹아들기 위한 디자인이 중요합니다."

니혼바시 하마초의
'마을 만들기' 프로젝트

'도쿄' 하면 가장 먼저 떠오르는 곳은 어디인가? 아마 시부야, 신주쿠, 롯폰기 같은 도심의 상업지역일 텐데, 모두 도쿄의 서쪽에 몰려 있다. 우리나라 서울 강남에 상업지역이 몰려 있는 것과 비슷하다. 이제까지 외국인이 도쿄를 여행하는 방법은 대략 두 가지로 나뉘었다. 시부야, 신주쿠, 롯폰기 같은 서부 지역에 숙소를 잡고 여행하거나, 일본의 전통적 모습 혹은 세계에서 가장 높은 전자탑 스카이트리를 보기 위해 아사쿠사나 우에노에 숙소를 잡고 여행하는 식이다. 이는 도쿄 이외의 지역에 사는 일본인에게도 마찬가지여서, 일본인도 도쿄 여행을 할 때는 이 두 곳을 중심으로 움직인다.

이러한 여행에 변화가 일어나기 시작한 것은 새로운 숙소들이 생겨나면서부터다. 코로나19로 연기되긴 했지만, 2020년 도쿄 올림픽을 앞두고 도쿄 곳곳에 외국인 관광객을 위한 저렴한 호스텔부터 비즈니스 호텔, 브랜드 호텔 등이 들어섰고, 이를 중심으로 지금껏 잘 알려지지 않았던 도쿄의 다른 지역들이 주목받기 시작한 것이다.

도쿄도를 관통하는 스미다 강을 중심으로 한 도쿄 변두리 지역이 그중 하나인데, 대표적인 곳으로 기요스미시라카와를 꼽을 수 있다. 카페 블루보틀 도쿄 1호점을 시작으로 순식간에 '카페거리'가 조성된 이곳은 이제 필수 관광코스가 되었다. 도쿄 동북쪽 다이토구의 하나레 호텔 역시 유사한 사례다. 하나레 호텔은 앞에서 언급한 지랩의 '수평호텔'처럼 '야나카'라는 지역 전체를 호텔로 보고 기획한 곳이다. 그 컨셉 그대로 하나레에서는 마을의 오래된 집을 개조해 숙박을 제공하고, 호텔에 사우나가 없는 대신 동네 목욕탕 이용권을 주며, 호텔 레스토랑이 아닌 동네 맛집 지도를 제공해 마을 전체에서 '스테이' 경험을 하도록 한다. 하나레는 이러한 경험을 통해 야나카라는 조용한 동네를 주목받는 지역으로 바꾸어놓았다.

위의 지역들은 모두 오래 거주한 주민들이 많은 주거지로, 외

니혼바시 하마초의 '마을 만들기' 프로젝트

부인들에게는 크게 알려지지 않은 곳들이었다. 그러나 이렇게 지역을 대표하는 공간이 생기면 동네 역시 그에 맞춰 변화하기 마련이다. 주민들이 이용하던 동네 가게들이 주목받기도 하고, 새로운 가게들도 연달아 생기며 지역이 자연스레 활성화되기 시작한다.

2019년 초, 이처럼 재미난 시도가 니혼바시 하마초라는 지역에서도 시작된다는 소식을 들었다. 클라스카 호텔을 만들어낸 (현재는 매각 상태) UDS가 하마초에 '하마초 호텔&아파트먼츠(이하 하마초 호텔)'를 새롭게 연 것이다. 개인적으로 이미 호텔 클라스카나 UDS가 만든 무지 호텔MUJI HOTEL에서 '지역 커뮤니티 호텔'이라는 개념에 충분히 만족했던 터라, 하마초 호텔은 어떤 느낌으로 다가올지 궁금해졌다.

호텔은 첫인상부터 남달랐다. 지하철 히비야 선과 아사쿠사 선이 만나는 닌교초 역에서 도보로 10분 정도 걸어가면 곳곳에 초록 식물이 심어진 건물이 멀리서부터 눈에 들어온다. 가까이서 보니 각 객실마다 발코니가 있고 그 발코니마다 식물이 있다. 도쿄 도심에서는 좀처럼 보기 힘든 모습이었다.

호텔 주변은 생각보다 주거지에 가까운 분위기였다. 부도심 지역이라 오피스가 많이 보일 거라 생각했는데, 주민을 위한 식당도 많았고 가까이에 있는 하마초 공원이 마치 이웃 동네에 놀러온 듯한 친근함을 더했다. 그렇다고 마냥 동네 같기만 한 것도 아니었다. 호텔에서 조금만 걸으면 스미다 강이 나오는 덕에 도심에서 누리는 색다른 휴양지의 느낌도 적지 않았다. 방 배정을 받고 들어간 객실에서도 휴양지의 분위기는 이어졌다. 보통 도쿄 호텔의 객실에 들어가면 창밖으로 도심이 보이기 마련인데, 하마초 호텔에서는 건물 대신 발코니에 있는 식물이 눈에 들어와 도쿄 내의 다른 호텔과는 전혀 다른 느낌이었다.

호텔의 부대시설 역시 눈에 띄는 곳들이 많았다. 1층에 있는 이국적인 분위기의 레스토랑에서는 재즈와 블루스가 흘러나왔다. 웨이터에게 레스토랑의 컨셉을 물었더니 '블루노트 재팬'에서 운영하는 곳이라고 답해주었다. 블루노트는 세계적으로 유명한 재즈클럽으로, 1981년에 뉴욕에서 문을 열었고 와이키키, 도쿄, 베이징 등에서도 활약하고 있다. 하마초 호텔에서는 외부 팀에게 운영을 맡기고 있지만, 보통은 UDS에서 직접 레스토랑을 운영한다고 한다. 레스토랑 옆에는 일반적으로 카페가 있는 것과 달리 수제 초콜릿 숍이 자리하고 있었다. 노포와 장인이 많은 동네 특성과 '수작업'이라는 컨셉을 살린 기획인 듯했는데, 얼핏 보기로는

하마초 호텔의 전면. 초록식물이 심어진 건물은 멀리서부터 눈에 띈다. ©Nacasa & Partners

호텔 1층의 넬 크래프트 초콜릿 도쿄.
'수작업'이라는 컨셉을 살린 곳으로 지역 주민들이 즐겨 찾는 카페 역할도 함께 한다.
ⒸNacasa & Partners

하마초 호텔의 도쿄 크래프트 룸. Ⓒ이원제

호텔 투숙객보다는 동네 주민들이 이 초콜릿 숍을 더 많이 찾는 것 같았다. 아이의 손을 잡고 가게를 둘러보는 사람들의 모습이 왕왕 눈에 띄었다.

2층에 있는 '도쿄 크래프트 룸'은 장인들의 작품을 전시하는 곳으로, 이 또한 수작업이라는 컨셉을 살린 기획이다. 이 객실의 비품들은 전부 수공예품으로 정기적으로 업데이트된다.

호텔을 제대로 느끼고 싶어 가장 좋은 방을 예약했더니 체크인을 할 때 직원이 커다란 검은 가방을 건네주었다. 가방 안에는 블루노트 재팬이 큐레이션한 재즈 바이닐이 들어 있었고, 객실에는 이를 플레이할 수 있는 턴테이블과 스피커가 갖춰져 있었다. 휴양지를 연상시키는 발코니의 식물을 바라보며 최고의 재즈클럽이 추천한 재즈를 턴테이블로 들으며 쉬고 있으려니, 기존의 도쿄 여행과는 전혀 다른 시간처럼 느껴졌다.

호텔 앞의 큰 슈퍼마켓이나 주변의 식당들도 대부분 지역 주민들이 이용하는 곳이다. 관광지 식당이나 마트가 아니라 지역의 진짜 모습을 만날 수 있어서 인상적이었는데, 하마초 호텔이 들어서면서부터는 주말에 다른 지역 사람들도 많이 찾아온다고 한다. 이는 호텔이 독려하는 여행 방식 중 하나이기도 하다. 호텔에서 투숙객에게 나누어주는 '하맵'이라는 지도는 하마초 일대의 여러 상점과 가볼 만한 곳들을 표시한 것이다.

니혼바시는 에도 시대부터 전통 있는 노포가 많기로 유명한 곳이다. 그중에서도 하마초는 그 지역에서 대대로 살고 있는 현지 주민과 노포, 오래된 기업이 공존하는 다면적인 매력을 지닌 동네다. 스미다 강변의 느긋함과 풍부한 녹음을 자랑하는 하마초 공원도 동네의 매력에 한몫한다.

이곳에서 니혼바시 하마초 마을 만들기에 앞장서고 있는 것은 '야스다 부동산'이다. 야스다 부동산은 종합 부동산 회사로, 토지 임대업, 빌딩 임대업, 아파트 임대 분양업, 토지와 건물에 관한 컨설팅 업무, 자회사를 통한 편의점 혹은 주차장, 회의실 운영 등 폭넓은 업무를 맡고 있다. 하마초 호텔은 야스다 부동산이 니혼바시 하마초 마을 만들기의 일환으로 UDS에 의뢰한 것이다. 국내외에서 방문하는 손님과 하마초에 사는 사람, 하마초에서 일하는 사람 사이의 교류를 만들고 커뮤니티를 창출하는 장소를 목표로, UDS가 기획, 설계해 운영까지 맡고 있다.

UDS는 사업성과 사회성을 실현하는 '작업=시스템'을 통해 도시를 풍족하고 즐겁게 만드는 것을 지향하며, 일본은 물론 해외에서도 마을 만들기와 연관된 '사업기획', '건축설계', '점포운영'을 활발히 하는 건축회사다. 이들의 작업은 마을 만들기에 필요한 용도(주택, 호텔, 상업시설, 오피스, 공공시설 등)와 기능(기획, 설계, 가구, 자재, 운영)을 복합화하여 각 지역에 하나뿐인 장소를 만드는 일로도 설명할 수 있다. 교육시설을 리노베이션한 '호텔 칸라 교토' 등의 건물재생을 시작으로, 부동산 리노베이션과 어린이 직업 체험시설 '키자니아 도쿄' 등 독자적인 조직을 갖춘 시설의 기획과 설계, 운영에도 다수 참여하고 있다.

UDS는 현재 많은 호텔 사업을 하고 있지만, 그중에서도 '마을 만들기'를 중심으로 설계와 기획을 해나가고 있다. 특정 지역에 살고 싶은 사람을 모아 커뮤니티를 만들고, 주택을 짓는 협동적인 하우스를 제안한 것이 그러한 예다. 그들이 만드는 호텔은 단순히 숙박이라는 획일적인 시설이 아니라 마을과 사람들이 원하는 장소로 개발하고 운영한다. 직원이 늘어서 회사의 규모도 커졌지만, 비즈니스를 다각화하기 위해 호텔 등의 시설을 짓는 데 방점을 찍기보다, 스태프 한 사람 한 사람의 흥미와 에너지를 프로젝트에 반영한다. 사내에는 기획과 설계, 운영을 하는 다섯 팀이 있고, 각각의 팀에는 운영부터 건축 설계, 인테리어와 제품 디자인 등을 할 수 있는 인재가 섞여 있다.

베이징과 긴자의 무지 호텔을 기획·설계하면서 전 세계에 존재감을 알린 UDS의 '마을 만들기'에 대해 좀 더 자세한 이야기를

니혼바시 하마초의 '마을 만들기' 프로젝트

하마초 지역의 정보를 소개하는 하마초 웹 사이트(www.hamacho.jp).

하마초의 마을지도. (하마초 웹 사이트에서 다운로드 가능)

듣고자, 가지와라 후미오 전前 일본 UDS 대표와 하마초 호텔의
마에다 겐고 지배인과 서면으로 인터뷰를 진행했다. 서면인 만큼
다소 중복되는 답변도 있지만 인터뷰의 느낌을 최대한 살리기 위
해 삭제하지 않고 고스란히 실었다.

"주민들이 살기에 좋고, 일하기 좋다고
느끼는 장소를 만들고 싶어요."

이 __ UDS가 진행하고 있는 '마을 만들기'란 무엇인가요?

가지와라 후미오(이하 가지와라) __ 하드웨어인 공간과 소프트웨어인 서비스, 양쪽에서 커뮤니티가 태어나는 계기를 만드는 것입니다. UDS는 하드웨어뿐 아니라 소프트웨어를 어떻게 만들어가느냐가 중요하다고 생각합니다. 하드웨어와 소프트웨어를 모두 확실히 기획해, 이를 하나로 제공한다는 마음으로 마을 만들기에 임합니다.

이 __ '마을 만들기'에 관심을 갖게 된 계기는 무엇인가요?

가지와라 __ 젊은 시절 유럽 등의 해외를 돌아다니면서 일본에는 없는 좋은 면을 발견했습니다. 일본에서는 사는 장소, 일하는 장소, 노는 장소가 제각각이지만, 해외에는 여러 가지를 하며 지낼 수 있는 커뮤니티 호텔이나 바 같은, 시민들의 장소가 있었습니다. 하드웨어나 소프트웨어만의 이야기가 아니라 거리 본연의 모습이죠. 그걸 보면서 일본에서도 더욱 안락한 공간, 마을 본연의 모습이 살아 있는 공간이 필요하다고 생각했습니다. 그러려면 단지 '마을'이라는 광범위한 범주에서 단 하나만 바뀌어서는 어렵고, 무언가 큰 흐름을 만들 필요가 있다고 생각했습니다. 즉 범용성 있는(다른 곳에서도 전개할 수 있는) 새로운 '구조'가 필요했습니다.

이 _ 우리가 쉽게 알 수 있는 UDS의 '마을 만들기' 사례로 어떤 곳이 있을까요?

가지와라 __ 교토의 쿠죠는 교토에서도 사람의 왕래가 적은 지역이었습니다. 2011년부터 UDS가 이곳에서 운영하는 '호텔 안테룸 교토'는 '아트 앤드 컬처'를 테마로 합니다. 호텔을 오픈하고 다양한 예술 이벤트를 개최하면서 많은 사람이 방문하는 장소가 됐습니다. 이를 계기로 호텔이나 카페가 차례차례 생겨났고, 거리가 시끌벅적해졌죠. 이 호텔이 새로운 스팟으로 확장되면서 커뮤니

interview _ "주민들이 살기에 좋고, 일하기 좋다고 느끼는 장소를 만들고 싶어요."

티가 생겨났습니다. 점과 점이 만나 선이 되고 면이 되어간 좋은 사례라 생각합니다.

이 _ 니혼바시의 하마초를 '마을 만들기'의 마을로 선택한 이유는 무엇인가요?

가지와라 _ 니혼바시 하마초의 마을 만들기는 '하마초 호텔&아파트먼츠Hamacho Hotel & Apartments'의 건물 소유자인 야스다 부동산 주식회사의 기획입니다. UDS는 야스다 부동산의 니혼바시 하마초 거리 조성에서, 각각의 장소를 어떻게 이어서 확장할 것인지와 컨셉 등을 두고 기획 단계부터 협력해왔습니다. 그 컨셉인 '수작업'과 '녹음'이 보이는 마을을 구현해 니혼바시 하마초 '마을 만들기'의 핵심인 하마초 호텔을 기획, 설계, 운영하고 있고요.

이 _ 니혼바시 하마초의 '마을 만들기' 프로젝트는 어느 정도 진행됐나요?

가지와라 _ 앞에서 말했듯 니혼바시 하마초의 '마을 만들기'는 야스다 부동산이 주가 되어 진행하고 있습니다. 니혼바시 하마초는 예전부터 광대한 부게야시야(무사 가문이 소유한 저택)의 부지가 펼쳐진 곳으로, 오랫동안 이어져온 에도의 마을입니다. 역사와 전통을 계승하되, 변해가는 거리의 숨결을, 그곳에서 일하고 살아가는 사람들의 말을 통해 매력적으로 전달합니다.

니혼바시 하마초의 마을 만들기는 1886년 야스다 부동산의 창업자가 구입한 니혼바시 일대의 토지를 중심으로 진행되고 있습니다. 모두 바다와 강 근처, 항구가 있는 곳이죠. 야스다 부동산은 '토루나레 니혼바시 하마초'라는 오피스 건물, '니혼바시 하마초 F 타워', '니혼바시 야스다 스카이 게이트' 같은 대형 오피스와 상업시설을 비롯해 분양 맨션 등을 지었는데요. 보다 쾌적한 업무공간과 주거공간을 만드는 것도 마을 만들기의 목표 중 하나입니다. 2017년 9월에는 카페와 업무공간을 갖춘 복합 빌딩 '하마하우스Hama House', 프랑스의 디자인 문구 브랜드 '파피에 티그르 PAPIER TIGRE'의 직영 2호점이 있는 '하마1961 HAMA1961' 등의 시설도 유치했습니다. 야스다 부동산에서 지은 '트로나레 니혼바시 하마초'에서는 연간 4회 장터를 여는데, 최근에는 5000명 넘는 손님이 찾아왔습니다.

그 밖에도 야스다 부동산은 니혼바시를 거점으로 사업하는 기업들과 함께, 니혼바시 일대를 방문하는 관광객과 방문자들을 위해 '메트로 링크 니혼바시 E라인'이라는 무료 셔틀버스 운영에 협력하고 있습니다. 니혼바시의 노포, 랜드마크 건물 등을 순회하는 버스로, 이걸 타고 편안하게 니혼바시를 둘러볼 수 있죠. 이 또한 마을 만들기의 한 과정이라 생각합니다.

결국 이런 활동을 거듭해 이곳에서 생활하는 지역 주민과 사무실 직원들이 '살기 좋다, 일하기 좋다'고 느끼는 장소로 만들고 싶습니다. 하마초에 사시는 분들의 의견을 참고하면서 중장기적인 시선으로 마을을 활성화하고 싶습니다.

이 __ 호텔의 컨셉은 무엇인가요?

가지와라 __ 니혼바시 하마초의 마을 만들기 컨셉이 '수작업과 녹음緣陰이 보이는 거리'인 만큼 하마초 호텔도 그 컨셉을 구현하고 있습니다. 국내외에서 방문하는 손님과 하마초에 사는 분들, 일하는 분들의 교류와 즐거움을 창출하는 커뮤니티가 목표입니다.

이 __ 객실 공간 인테리어에서 가장 중요하게 생각한 부분은 무엇이었습니까?

가지와라 __ 객실과 공용 공간 모두 하마초의 컨셉인 '수작업'과 '녹음'을 건축의 소재나 형상으로 표현하려 했습니다. 투숙한 손님이 이러한 분위기를 느낄 수 있도록 하는 게 목표였죠. 건물에도 이 컨셉이 적용되었는데, 객실마다 발코니에 식물이 놓여 있던 것도 수작업과 녹음이 보이는 거리라는 컨셉에 맞게, 건물을 녹화綠化하는 '파사드 녹화'를 적용한 것입니다.

이 _ 식물 관리가 쉽지는 않을 듯한데, 어떻게 관리하고 있나요?

마에다 겐고(이하 마에다) _ 발코니의 식물은 자동관수설비를 도입해 항상 생동감 있는 녹음이 유지되도록 하고 있습니다. 키가 큰 수목은 강풍이 불어도 부러지지 않도록 눈에 띄지 않는 와이어로 줄기를 단단하게 고정했고, 특수한 인공경량토양을 사용해 뿌리가 너무 자라지 않도록 했습니다. 수목의 성장을 지켜보면서 밖을 향해 너무 내뻗지 않도록 적당히 가지치기도 하고 있습니다. 식물 관리는 사람의 손길과 비용이 많이 들어가는 일이지만, 입체적인 녹음은 거리의 표정에 큰 영향을 미치니까요.

이 _ 호텔 운영은 전적으로 UDS가 하나요?

마에다 _ 호텔과 크래프트 초콜릿 숍 운영은 UDS가 하고, 스태프 역시 모두 UDS 소속입니다. 1층 레스토랑 하마초 다이닝&바 세션HAMACHO DINING & BAR SESSiON의 운영은 블루노트 재팬에서 합니다. 야스다 부동산과 블루노트 재팬은 다른 야스다 부동산 시설에도 참여했고, 이 프로젝트 역시 초기 단계부터 함께했습니다. 하마초에서도 음악이 있는 문화가 활성화되도록 격조 높은 공간을 운영해주었으면 좋겠다는 야스다 부동산의 의지로 협력하고 있습니다.

이 __ 호텔 운영상 특별히 신경 쓰는 원칙이 있습니까?

마에다 __ 호텔 운영뿐 아니라 파트너와 오너, 지역 주민들의 의향을 헤아리며 조정하는 코디네이터 역할도 담당하고 있습니다.

이 __ 반대로 현실에 맞춰 유연하게 대처하는 부분도 있나요?

마에다 __ 고객에 맞춰 항상 유연하게 대응하고 있습니다.

이 __ 호텔의 운영 상태는 어떤가요?

마에다 __ 고객 평판도 좋고 가동 상황도 좋습니다.

이 __ 이용객의 내국인과 외국인 비율은 어떻게 되나요?

마에다 __ 내국인과 외국인 비율이 6대 4 정도 됩니다.

이 __ 이용객은 주로 어떤 경로를 통해 찾아오나요?

마에다 __ 입지와 디자인 덕에 온다는 분들이 많습니다. 니혼바시 하마초 지역의 차분한 느낌과 심플하고 사용하기 편할 것 같은 호텔 디자인에 끌려서 온다고 하시더군요. 한 번 투숙해보고 서비스가 마음에 들어서 재방문하는 손님들도 늘고 있습니다.

이 __ 이 호텔과 하마초를 방문하는 사람은 누구이고, 어떤 목적으로 방문하나요?

마에다 __ 도쿄 역이나 도쿄 시티에어터미널에서 오기 좋은 입지이므로, 외국인 관광객들이 관광 거점으로 많이 찾습니다. 하마초에 사는 주민이나 주변에서 일하는 분들도 레스토랑이나 초콜릿 숍 등에 부담 없이 와주시기에 재방문객이 많은 것도 특징입니다.

이 __ 호텔의 숍을 이용하는 지역 주민 비율은 얼마나 되나요?
마에다 __ 20% 정도 됩니다.

이 __ 호텔의 투숙객에게 전하고 싶은 경험은 무엇인가요?
마에다 __ 니혼바시에는 오래된 일본 도쿄의 모습이 많이 남아 있는데, 이를 체험해보면 좋겠습니다.

interview _ "주민들이 살기에 좋고, 일하기 좋다고 느끼는 장소를 만들고 싶어요."

이 __ 2층의 도쿄 크래프트 룸에 대해 좀 더 설명해주신다면요.

마에다 __ 한마디로 특별한 객실입니다. 디자이너가 일본 각지의 장인들이 작품을 만드는 현장에 가서 그 땅과 역사, 기술, 소재를 리서치하고, 만드는 사람과 함께 미래를 그리며 현대 생활에 맞는 아이템을 만들어 전파하는 곳입니다. 전 세계 다양한 곳에서 시대의 흐름과 더불어 형태가 달라지거나 아쉽게 사라져가는 것들을 새롭게 선보이는 것이죠.

완성된 아이템은 크래프트 룸에 소품 형태로 전시되며, 이 객실에 머무는 고객이 사용할 수 있습니다. 새로운 아이템이 설치될 때마다 방의 표정도 조금씩 바뀝니다. 도쿄 크래프트 룸은 도쿄라는 대도시를 경유해 크래프트의 가치를 편집하고, 훌륭한 크래프트 기술과 정신을 세계와 미래로 발신하는 자리입니다. 일본 제품을 만드는 기술이나 문화를 접할 수 있다는 점에서 호평받는 한편, 외국 디자이너들의 주목도 받고 있습니다.

이 __ 이 지역의 노포와 협업 계획이 있나요?

가지와라 __ 요세(일본의 전통 예능을 공연하는 공연장)에서 여는 이벤트 등을 검토해 진행하고 있습니다.

이 __ 호텔이 들어서면서 하마초 주변에 어떤 변화가 생겼나요?

가지와라 __ 사람의 왕래가 압도적으로 늘어났고, 특히 미국과 유럽에서 온 외국인 방문객들이 늘었습니다. 하마초 지역은 도쿄의 다른 곳에 비해 인지도가 낮은 편이어서, 하마초의 오래된 플레이어와 새롭게 참가한 이들과 힘을 모아 나아가고 싶습니다.

이 __ 하마초 마을의 키워드는 '수작업'과 '녹음'인데 사람들에게 어떻게 어필하나요?

가지와라 __ 호텔의 건축 디자인에 접목해 표현했습니다. '수작업'을 사람의 품이 드는 소재와 디테일의 선택으로 간주해, 표정이 풍부한 콘크리트 스기모토 실형틀이나 좌관재를 내외장재로 사용하고, '녹음'을 입체적으로 쌓아올려 억양이 있는 건축의 랜드스케이프를 만들었습니다.

장인의 손길이 느껴지는 세부 소품과 국내외 디자이너가 일본 각지의 제조사와 함께 만드는 아이템이 설치된 도쿄 크래프트 룸, 카카오 선정부터 상품화까지 전담하는 '넬 크래프트 초콜릿 도쿄' 등 곳곳에 '수작업'이 느껴지는 기획을 도입했습니다. 또한 앞서 소개한 대로 건물 지반부터 각 객실의 발코니까지 녹색을 두루 적용해, 투숙객은 물론 거리를 오가는 사람들에게 좀 더 윤택한 일상을 부여하는 동시에 애착을 느낄 수 있는 장소가 되도록 했습니다.

이 __ 하마초 마을 만들기에 대한 주민들의 반응이 궁금합니다.

가지와라 __ 우선 사람이 늘어나서 기쁘다는 반응입니다. 지금까지는 오래 거주한 주민들만 있었는데, 그 역시 소중하지만 다른 곳에서도 찾아와 주어서 앞으로 더 활발한 곳이 되었으면 좋겠다고 합니다. 상인들의 반응 역시 마을이 번화해져서 반갑다고 이야기합니다.

이 __ 마을 만들기를 통해 UDS가 궁극적으로 추구하는 것은 무엇인가요?

가지와라 __ 창조성을 북돋우는 새로운 커뮤니티 형성입니다. 그 커뮤니티를 통해 새로운 것이 창출되는 장을 만들어가고 싶습니다.

이 __ 니혼바시는 노포가 많은 지역으로 유명한데 이 지역의 노포와 협업할 계획이 있습니까?

가지와라 __ 앞서 말한 대로 이벤트도 검토하고 있고, 하마초를 좀 더 부흥시키기 위한 모임에도 참가하고 있습니다. 지역 축제에도 마을 주민들과 함께 참여하고 있고요.

이 __ 참고하는 다른 공간이나 추천하고 싶은 곳이 있나요?

가지와라 __ 우선 니혼바시에서는 옛날부터 이어져온 노포들에 꼭 가보시길 권합니다. 그 외에 도쿄 진보초의 진보초 북 센터에 가면, 출판계의 거리라는 특색을 살려서 기획, 설계, 운영하는 책방과 카페, 코워킹 복합시설 등이 있습니다. 하마초와 마찬가지로 지역 출판사 등 옛날부터 이어져온 인연을 소중히 여기며 여러 관점에서 마을 만들기에 힘쓰는 동네입니다.

좀 먼 곳으로는 오키나와 미야코지마의 호텔 로커스HOTEL LOCUS인데요. 미야코지마라는 섬 전체를 즐긴다는 새로운 리조트 형태를 제안하는 곳으로, 마을의 관광안내소 역할도 합니다. 섬의 액티비티나 투어, 점포를 소개하거나 현지 주민들과 제휴하면서 마르쉐를 개최하는 식입니다.

이 __ 앞으로 하마초 호텔의 목표는 무엇인가요?

가지와라 __ 하마초의 랜드마크가 되는 것입니다. 멋있음을 뽐내는 랜드마크가 아니라 이 마을의 지명도를 높이는 계기가 되었으

interview _ "주민들이 살기에 좋고, 일하기 좋다고 느끼는 장소를 만들고 싶어요."

면 좋겠습니다. 10년 후 마을 사람들이 '하마초 호텔이 생겨서 좋았다'고 말한다면 정말 기쁘지 않을까요.

기존의 것에 새것을 더하여
'수익'을 내는 공간을 만들다

도시재생에 대해 이야기할 때 가장 조심스러운 이슈는 젠트리피케이션일 것이다. 사람들에게 화제가 되었다가 상대적으로 빨리 잊혀진 동네들을 들여다보면, 건물주의 높은 임대료 인상이 영향을 미쳤음을 부인할 수 없다. 건물주들 중에는 원주민도 있고 외부인도 있다. 결국 개인의 이익만을 추구하다 보면, 더 큰 것을 잃을 수도 있다는 사실을 보여주는 것이 젠트리피케이션인지도 모르겠다.

반면 화제가 되지는 않지만 조용히 사람들을 불러모으는 동네가 있다. 바로 서울 서대문구의 연희동이다. 연희동 바로 옆에는 국내 최대 젊은 상권 중 하나인 홍대가 있다. 홍대가 항상 사람들로

쿠움파트너스 사무실에서 나와 작은 길을 건너면 바로 김종석 대표가 만든 건물이 보인다. 옛 건물의 외관은 그대로 두고 내부만 리모델링하고, 마당에 새로운 건물을 지었다. 오픈 계단은 신축 건물의 2층으로 연결되어, 도로에서 몇 발자국만 걸으면 바로 2층으로 올라갈 수 있다. 2층에 올라오면 공중정원이 눈에 들어온다. 옛 건물의 가게와 새 건물의 가게를 연결해주는 공간으로, 잠시 쉬어가면서 가게들을 둘러볼 수 있다. 덕분에 건물 자체를 윗마을과 아랫마을 개념으로 볼 수도 있다. 마을에는 계곡도 있고 골목도 있으며, 옛 건물과 새 건물 사이도 골목이 된다. ⓒ이원제

연남동의 다이브인.
옛날식 다세대 주택을 리모델링한 건물로, 마을을 위한 공간이라는 점이 한눈에 들어온다. ⓒ이원제

집을 관통하는 골목길을 만들었다. 이전에는 골목이라는 개념이 없었지만 골목이 생기면서 사람이 모여들기 시작했다. 결국 사람이 중요하다. 어떤 사람이 어떤 마음으로 어떤 공간을 꾸미느냐에 따라 그 동네가 바뀐다. ⓒ이원제

길은 사람이 걷는 곳이고, 길을 통해 사람이 건물로 들어온다. 길은 혈관처럼 사람을 건물 안쪽으로 이끈다. 외부 계단과 중정, 브릿지 등의 건축 장치를 통해 길은 건물의 구석구석까지 연결된다. 건물 앞에서 끝날 수도 있는 길을 건물 안으로 연장하는 것이다. ⓒ이원제

북적이는 느낌이라면 바로 옆 동네인 연희동은 한적하게 느껴질 만큼 조용하다. 하지만 그 조용한 동네 곳곳에 사람들의 눈길을 사로잡는 상점이 많이 있고, 일부러 찾아오는 사람도 상당하다.

연희동은 예전부터 유명인이 많이 거주하는 동네로 단독주택 등 고급 주거공간이 많았지만, 세월이 흐르면서 주택들은 새로운 옷을 필요로 하기 시작했다. 그런 연희동의 주택들을 새로운 모습으로 바꿔나가는 사람이 바로 쿠움파트너스의 김종석 대표다. 건축사무소의 대표지만 그는 건축가가 아니다. 전기 설비를 하던 그가 건축의 길로 들어선 것은 우연이었다. 스무 살에 경남 함양에서 서울로 올라와 연희동에 터를 잡고 일하던 그는, 30대 중반에 사고를 당해 더 이상 일을 할 수 없게 되었다고 한다. 그때 지인의 소개로 단독주택을 리노베이션하여 임대하면서 건축과 인연을 맺게 되었다. 김 대표가 건물 디자인을 하면 건축가가 설계하는 방식으로 일하고 있다.

물론 건축가가 아닌 일반인이 직접 자신이 살 집을 짓는 게 더 이상 드문 일은 아니다. 다만 그가 15년 넘게 자신의 집뿐 아니라 다른 사람을 위한 집을 짓고 있다는 점이 놀라울 뿐이다. 건축가가 아닌데도 계속 건축을 할 수 있었던 이유는 무엇일까? 그가 만든 건물의 무엇이 사람들을 매료시켰을까? 이러한 궁금증은 연희동에서 김종석 대표가 지은 몇 채의 건물을 보면 바로 풀릴 수 있다.

김종석 대표가 건축에서 고려하는 것은 건물의 수익성이다. 그는 원주민이 수십 년 동안 살아온 집을 리노베이션하여 수익을 얻도록 돕는다. 그가 건축에서 가장 중요하게 여기는 것은 마을을 살리는 것, 즉 지역 활성화이고 그 기반은 재생건축이다. 그는 재생건축이라 해도 단순히 기존의 역사나 흔적을 남기는 데 그치지 않고 건물주와 테넌트(상업시설), 건물에 드나드는 사람 모두가 만족할 수 있도록 가장 먼저 '수익'이라는 부분을 고민한다.

즉 쿠움파트너스의 건축물은 기존 건물을 유지한 채 증축하거나 용도를 바꾸어 건물주에게 수익모델을 제안한다. 건축주를 만족시킬 뿐 아니라, 테넌트의 선정(추천) 및 임대료까지 제안하고, 직접 재임대(전대)를 통해 임대료 상승을 억제한다. 이러한 장치는 테넌트가 오랫동안 동네에 뿌리를 내릴 수 있도록 돕는다. 기존 건물을 남겨 건물주와 동네 주민이 동네에 대한 추억을 유지할 수 있다는 점도 높게 평가할 만하다.

그가 만드는 건물들에는 몇 가지 눈에 띄는 특징이 있다.

첫 번째는 기존 건물을 유지한 채 새로운 공간을 덧붙이면서 만드는 오픈 계단이다. 도로에서 곧장 2, 3층으로 올라갈 수 있는 오픈 계단은 건물의 접근성을 높인다. 건물의 높은 접근성은 건축주의 수익으로도 연결된다. 보통 도로와 바로 연결되는 건물 1층의 임대료가 가장 높은데, 도로에서 바로 2, 3층으로 통하는 계단이 있으면 가게로의 접근성이 높아져서 건축주가 원하는 임대료를 받을 수 있다. 또한 오픈 계단은 누구에게나 열려 있기에 자유롭게 건물을 이용할 수 있다.

두 번째는 건물과 건물 사이의 담을 헐어 작은 골목길을 만드는 것이다. 건물과 건물 사이를 자유롭게 오가게 함으로써 건물 사이의 연결성을 보장하고 방문자에게 편리함을 제공한다. 덕분에 건물에 입점한 가게들의 작은 커뮤니티가 생겨나고, 서로의 자원을 공유하면서 시너지를 낼 수 있다.

세 번째는 옛 건물과 새 건물을 공중정원 형태로 연결하는 것이다. 김 대표가 리노베이션한 건물의 특징은 옛날의 건물외관을 그대로 남기고 마당 자리에 모던한 스타일의 새 건물을 지은 후 두 건물의 2층을 연결하는 것이다. 이 연결 공간은 공중정원 같은 역할을 하여 2, 3층으로 올라가는 사람들에게 휴식을 제공한다.

독특하게 지어진 건물에는 자연스레 특별한 것을 추구하는 사람들이 모여들기 마련이다. 번잡한 홍대 상권을 피해 지리적으로 가까운 연희동 쪽으로 개성 있는 가게들이 옮겨 온 것도 이와 무관하지 않다. 가령 맛집으로 유명한 폴앤폴리나 베이커리는 합정동에서 김종석 대표가 디자인한 건물로 옮겨온 케이스다. 대중적으로 유명한 가게들이 하나둘씩 자리잡으면서 사람들이 몰려오기 시작했고 새로운 연희동 상권이 생겨나기 시작했다.

건축주와 임차인을 모두 만족시키는 김종석 대표의 건물 디자인과 동네를 생각하는 그의 철학에서 젠트리피케이션의 해법을 찾을 수 있었다. 주민들이 개인의 이익이 아닌 동네 전체의 분위기를 한마음으로 만들어갈 때, 동네의 모습을 유지하면서 새로운 것을 더하고 이를 따라 사람들이 모여들 때, 그 동네가 지속가능하다는 사실을 증명한 것이다.

연남동의 골목길을 만들다

그의 실험은 연희동을 넘어 인근의 연남동으로 이어지고 있다. 2016년 홍대입구역 3번 출구에서 시작되는 경의선 숲길이 생기면서 연남동에 사람이 모여든 건 자연스러운 일이었다. 사람이 몰리면서 연남동도 진통을 겪었다. 경의선 숲길을 가운데 두고 양옆으로 늘어선 기존 상점들이 유행하는 가게와 프랜차이즈 매장으로 바뀌면서 연남동만의 특색을 잃어버리는 것 같았다. 다행히 이러한 변화는 지하철역 근처로만 몰렸고 길이 끝나는 지점까지는 미치지 못했다. 조금만 걸어도 지역 주민들이 사는 1층 주택들이 모여 있는 골목이 나타난다. 이 막다른 연남동의 끝에서 김종석 대표는 지역이 살아남을 수 있는 해결책을 재생건축을 통해 보여주고 있다.

길이 끝나는 곳에는 지금도 주민들이 살고 있는 옛 단층주택과 새로 지은 높은 건물들이 쉬여 있다. 그런데 이 건물들은 담으로 막혀 있지 않다. 집 사이의 담을 허물어서 화개장터 같은 곳을 만들었다. 담이 헐린 자리는 작은 길이 되었다. 가게 사이사이가 모두 골목길이다. 김대표는 이탈리아 베네치아에서 본 골목길의 작은 공방들에서 영감을 얻어 담을 허물었고, 그때부터 골목길을 만드는 그의 건축이 시작되었다.

이곳에서 김종석 대표가 만든 대표적인 건물은 다이브인DIVE IN이라는 스테이다. 2019년 5월에 오픈한 다이브인은 두 동의 옛날식 다세대 주택을 리모델링한 건물로, '커뮤니티 아트 플랫폼'을 지향하며 아티스트가 지역에 안정적으로 뿌리 내리고 성장하도록 돕는 것이 목표다. 다이브인이 운영하는 아트 스테이ART STAY는 숙박을 하며 작품을 직접 경험할 수 있는 공간이며, 다이브인에서 운영하는 다양한 프로그램에도 참여할 수 있다. 신발을 벗고 들어가는 꼭대기 다락방에서는 요가나 다도 수업 등이 진행된다.

이 건물도 담을 허물어 골목을 만들었는데, 이곳에서는 설치미술 전시를 하기도 한다. 특히 작업실 동의 지하 1층 상점에는 윗쪽에 긴 창문을 뚫어 지나다니는 사람들과 자연스레 눈을 마주치며 인사를 나눌 수 있다. 이곳의 프로그램에는 지역 주민들도 많이 참여해 비율이 30% 정도 된다고 한다.

다락방에서 밖을 내다보면 바로 주민들이 사는 집들이 보인다. 주민들은 이 공간을 이용하는 사람들을 또 다른 주민으로 받아들인다. 동네에서 가장 젊은 주민이 53세이고, 대부분이 70~80대인데, 매일 함께 청소를 하고 이야기를 나누며 자연스럽게 친해졌다는 것이다. 단순한 상업 공간이 아닌 마을을 위한 공간이 들어온 덕에 주민들의 환영을 받고 있다.

김종석 대표의 손길을 거친 건물이 연희동에만 무려 70채에 이른다고 한다. 이렇게 큰 규모로 동네를 바꾸면서 그는 어떻게 지역 주민들의 마음을 얻을 수 있었을까. 그가 꿈꾸는 '동네'와 동네를 만드는 공간은 어떤 모습일지 이야기를 들어보았다.

기존의 것에 새것을 더하여 '수익'을 내는 공간을 만들다

"사람들이 머물 수 있는 공간을 가진 가게가 모여 동네를 바꾸어갑니다."

이 __ 어떻게 연희동에서 건축을 시작하게 되었나요?

김종석 대표(이하 김) __ 2010년 처음 연희동을 카페거리로 만들겠다며 발대식을 가졌습니다. 제가 추구하는 건축은 마당에 새로운 건물을 증축하는 스타일입니다. 옛날 집과 이어지는 공중정원도 만듭니다. 수직증축, 수평증축, 브릿지 건축, 공중정원이 대표적인 건축 방법입니다.

이 __ 기존 건물을 그대로 두고 새로운 건물을 지은 후 두 건물을 연결한다는 게 신선합니다.

김 __ 그냥 집 한 채가 아니라, 그 공간이 중요하다고 보는 거죠.

오래 산 집은 지속성을 갖고 있고, 사람들은 자기가 사는 집에 호기심이 많습니다. 그저 주거용으로만 여겼던 집으로 임대 수익을 얻을 수 있다는 건 생각지도 못했던 일이니까요. 이런 건축투어를 한 달에 서너 번 정도 합니다.

이 _ 사람들이 많이 찾아오나요?

김 _ 언론매체에서도 찾아오고 건축 의뢰도 있고요. 주말에는 외부에서도 많이 찾아옵니다. 사람들이 호기심을 갖고 오게 하려면 공간이 중요합니다.

이 _ 공중정원이라는 아이디어가 독특하고 좋아 보입니다.

김 _ 위쪽에 마당이 있으면 사람들이 올라오게 됩니다. 연희동에 오면 마을 속에 작은 마을이 많습니다. 임대료를 낮춰서라도 꽃집 같은 가게는 데리고 와야 합니다. 그런 가게들을 위해 임대료가 낮은, 작은 공간을 꼭 만듭니다. 3평이 안 되는 가게들이죠. 마을의 거리감을 주기 위해서라도 꼭 필요합니다. 임대료도 20만 ~30만 원 정도로 책정합니다.

마당뿐 아니라 주차장에도 증축을 합니다. 그리고 남은 공간에는 차를 대고 돌아서면 미안해지는 주차장을 만듭니다. 미안해서 주차할 수 없게 만드는 거죠. 제도상 꼭 있어야 하는 주차장이지만 실제로는 사람들이 사용할 수 없게 만듭니다. 그래야 건물이 살아나니까요.

이 __ 지금까지 연희동에서만 몇 채의 건물을 작업하셨나요?

김 __ 연희동에서 70채를 바꿨습니다. 처음 1년차에는 8채를 바꿨습니다.

이 __ 주거 지역인데 상업적으로 바뀌는 것에 대한 주민들의 우려는 없었나요?

김 __ 연희동은 주거 지역과 준상업 지역이 이미 정해져 있습니다. 들어올 수 있는 업종이 법으로 정해져 있기에 유해업소는 들어올 수 없습니다. 그러니 주민들은 오히려 지가 상승을 보고 좋아합니다.

연희동 초입의 화교 카페는 일부러 동교동에서 옮겨온 것으로 손님의 70~80%가 화교입니다. 연희동 화교들이 다른 곳으로 흩어지고 있어서 화교 커뮤니티의 활성화를 의도했습니다. 퓨전 한식당도 있는데 연희동에 필요한 가게라 생각해서 청담동에서 내던 임대료의 3분의 1로 낮춘 후 데려왔습니다. 계약기간이 10년

인데 5년 더 재계약했고요. 동네의 거점을 만들기 위해 처음부터 이 건물은 투자자들에 대한 보상 정도만 생각하고 기획했습니다.

이 _ 연희동 마을 만들기의 일환이라고 봐도 되겠네요.

김 _ 내가 살던 집을 바꾸면 투자 수익이 난다는 것이 동네 주민들 사이에 자연스럽게 알려졌습니다. 소비만 하던 집이 생산자가 되는 거죠. 당연히 집값도 오르고 생활이 윤택해집니다. 주민들이 관심을 갖게 되면서 제가 만든 집들이 늘어났죠. 결국에는 작은 공간을 살린 것이 지금을 만든 것입니다.

이 _ 건축 시 신경 쓰는 원칙은 무엇인가요?

김 _ 마을의 어울림을 신경 씁니다. 눈에 거슬리지 않게, 자연스럽게 들어서는 건물을 만듭니다. 또한 마을 자체를 모두 활용하려 합니다. 2층에 올라가 건너편 집을 보면 그 집의 정원까지 감상할 수 있습니다. 항상 열린 공간으로 만들어서 누구나 공중정원에 올라와 볼 수 있게 만들고요. 공중정원을 만들 수 없을 때는 건물과 건물 사이에 브릿지를 만들어 연결하기도 합니다. 이웃 건물들과의 균형을 신경 씁니다.

이 — 상업 지역 또한 사람들이 살고 있어야만 더 빛나는 것 같습니다.

김 — 마을을 활성화하고 싶다고 뜻대로 되는 건 아닙니다. 지금 연희동이 알려지고 있는 건 시기에 맞는, 자연스러운 현상 같습니다. 요즘은 도심의 초고층 빌딩보다 평범한 동네 주택을 스튜디오나 사부실로 사용하는 사람들이 늘어나고 있으니까요. 이쪽이 임대료도 저렴하고, 요즘 사람들은 걸어다니면서 동네 가게들을 이용하고 싶어 합니다.

삶의 질을 우선시하는 시대가 되었습니다. 동네와 도심의 삶의 질은 다르고, 처음에는 호기심에 도심을 찾아간 이들도 금방 빠져나옵니다. 그런 사람들을 위해 공간을 주택가에 만들어야 합니다. 그때 공간 임대까지 해야 하죠. 지속가능성을 위해 공간을 팝업 숍에만 내어줄 것이 아니라 장기 임대를 줘야 합니다. 작은 가게들의 주인의식을 살려야 하거든요.

이 — 연희동이 대표님이 생각했던 마을이 된 가장 큰 이유는 무엇일까요?

김 — 초기에 일부러 여러 작가들을 이 동네로 불러들인 것이 주효했다고 생각합니다. 작가들이 오면 후배들이 따라옵니다. 그러면서 작은 사무실이 생기고, 그 사무실 사람들이 필요로 하는 카페나 빵집도 자연스럽게 생겨났습니다. 그렇게 소비만 하던 마을이 생산하는 마을로 바뀌는 거죠. 그러면서 점점 유명한 가게들도 생겼고 외부인도 더 많이 오게 되었습니다. 제가 언론매체에 소개되면서 사람들이 인식도 하게 되었고요.

이 __ 2010년 이후로 연희동 일대의 임대료는 얼마나 변했나요?

김 __ 그 후로 임대료는 약 5% 올랐습니다.

이 __ 굉장히 낮네요. 혹시 반대하는 건축주는 없었나요?

김 __ 건물과 마을이 지속성을 가지려면 내 건물 하나만 성공하는 게 아니라, 우리 마을과 임차인들이 모두 살 만한 환경이 되는 것이 중요합니다. 그런 의미에서 연희동의 임대료는 낮다기보다는 합리적인 수준을 유지하고 있다고 생각합니다.

이 __ 건축주들의 니즈도 시대에 맞게 변할 것 같아요.

김 __ 어떤 의뢰인에게는 건물이 남은 생애를 함께할 동반자이고, 많은 분들에게 건물은 자신의 경제생활을 안정적으로 영위해줄, 노후의 버팀목입니다. 동네에 변화를 가져올 하나의 기점이라 생각하기도 합니다.

이 _ 의뢰인들은 쿠움파트너스의 컨셉과 취향을 온전히 받아들이나요?

김 _ 이미 쿠움의 여러 프로젝트들을 어떤 방식으로든 접한 후 오시는 분들이 대부분이라 디자인적 취향이나 컨셉에 대해 충돌 없이 동의하고 있습니다.

이 _ 투자자들은 주로 누구이고 어떻게 모이게 되었나요?

김 _ 주로 건축주가 곧 투자자입니다. 퇴직 후 제2의 인생을 설계하는 분들이 많습니다.

이 _ 세입자를 직접 찾아 건축주와 연결해주는 게 놀랍습니다.

김 _ 경험을 통해서 어떤 가게가 들어와야 동네가 변하는지 보이기 시작했기에, 동네를 바꾸는 데 꼭 필요한 가게들을 모셔오려고 합니다.

이 _ 그렇다면 시장조사는 어떻게 하나요?

김 _ 필지가 있을 때 가장 가까운 전철역과 버스역에서 걸어오면서 부동산을 발견할 때마다 직접 들어가서 물어봅니다. 어떤 업종의 임대가 잘 나가는지, 건물주는 어떤 목적으로 건물을 짓는지, 1층을 원하는 세입자는 어떤 업종인지, 세 가지를 질문합니다. 이걸 파악하면 5년 후 변화를 예측할 수 있죠. 1층에 카페가 많으면 여성이 들어오고, 여성들이 많은 상권이면 디저트 가게도 생기고, 카페 2층의 원룸에 살고 싶어 하는 사람도 오고, 젊은 사람이 모입니다. 다음에는 차를 타고 주차가 편한 부동산을 찾습니다. 건축주들은 가게를 얻으러 오는 임차인과는 시각이 전혀 다르니 그들의 시각에서도 봅니다.

동네 분위기를 살피고 공원이 있으면 자전거 수리점이나 판매점이 필요하지 않을지 건축주에게 제안합니다. 어떤 마을, 동네가 되면 좋겠다는 것도 제안합니다. 결국에는 건축주가 그걸 다른 사람들에게 알리게 만듭니다.

이 __ 그런 노하우는 어떻게 쌓으셨나요?

김 __ 2010년에 연희동 카페거리를 만들겠다고 발대식을 하면서도 카페거리가 뭔지도 몰랐습니다. 그냥 카페만 있으면 카페거리라고 생각했습니다. 그러다 거리감을 알게 됐습니다. 느리게 걸으면서 주변을 살펴보니까 가게가 보이기 시작했습니다. 느리게 걷는 동네를 만들면 성공하겠다는 걸 깨달았습니다. 이제는 제가 하기보다 건축주에게 시킵니다. 그들이 주인공이기 때문입니다. 그들이 입소문 마케팅을 해야 동네가 바뀝니다. 이제는 본인들이 어떤 가게가 생기면 좋겠다고 먼저 제안하기도 합니다. 동네를 좋게 만드는 것은 사람이고, 그래서 건축주가 바뀌어야 합니다. 그런 부분이 쌓이고 쌓이면 바뀔 것입니다.

이 __ 어떤 가게가 동네를 바꾸는 걸까요?

김 __ 사람들이 모이고, 머무를 수 있는 공간을 제공하는 가게가 하나둘씩 모여 동네를 바꾸어간다고 생각합니다. 카페처럼 돈을 내더라도 소통할 수 있는 공간으로 사람들은 모여들죠. 이런 손님들이 결국 동네 풍경을 바꾸고 거리에 활기를 불어넣습니다.

이 __ 언제부터 그런 가게들이 마을에 필요하다고 느끼기 시작했나요?

김 __ 약 3년 전부터, 연희동이 완전히 바뀐 것을 보고 확신이 생겼습니다. 그 후 연남동, 합정동에서도 시도했는데 다 변화하기 시작했습니다. 그래서 투자자들에게 계속 제안하고 있고, 사실 돈을 벌기 위해 투자하지만, 사회적인 가치에 한몫한다는 의미도 있습니다.

다만 이제는 DTI 규제 때문에 상가주택을 재건축하기가 어려워졌습니다. 골목상권 활성화를 위해 도시재생을 하는 입장에서 굉장히 치명타입니다. 작은 건물을 소유한 사람들이 움직여야 골목이 바뀌는데 대출이 안 나오니 힘들어졌습니다. 건축적인 변화가 없으면 골목 활성화가 어렵습니다. 외부가 안 바뀌면 내부 인테리어에 돈을 써야 합니다. 건축적인 변화가 있으면 인테리어에 그다지 신경 쓰지 않아도 돼 창업하기 좋습니다. 창업비용이 줄어들고, 도시가 변해야 장사가 됩니다.

이 _ 건물을 바라보는 관점이 다른 건축가와 다른데, 어떤 점을 가장 중요하게 여기나요?

김 _ 디자인도 중요하지만, 건축물이 갖는 상업적 가치에 좀 더 집중하려 합니다. 저희 작업에서는 디자인도 상업적 가치 향상을 위한 수단 중 하나입니다. 이때 상업적 가치란 건축주의 임대수익만이 아닌, 사람들을 끌어들여 즐거운 공간 경험을 제공하면서 다시 찾을 수 있는 장소를 만들어주는 것입니다. 건축주와 임차인, 방문자가 모두 만족하는 선순환 시스템이 중요하죠.

이 ＿ 공유 공간의 중요성을 깨닫게 된 계기가 있나요?

김 ＿ 현재 서울이라는 도시에는 사유 공간이라는 개념이 지배적인데, 연희동에서 다양한 공유 공간을 제시하는 일종의 건축적 실험을 해본 결과, 사람들이 모이는 걸 보면서 이런 공간의 중요성을 인식하게 되었습니다.

이 ＿ 로컬도 화두가 되고 있죠. 지금까지의 경험상, 동네와 지역을 살리기 위해 진짜 필요한 것은 무엇일까요?

김 ＿ 지역 주민들은 로컬이 뭔지도 몰랐습니다. 팝업 숍을 만들면 지역이 살아나는 게 아닙니다. SNS로 잠시 붐이 일면 외부인이 잠깐 왔다가 사라집니다. 지역을 위해서는 지역 주민이 나서야죠. 로컬을 움직이는 젊은 사람들, 운영자가 지역 상권에서 활동하는 사람들을 데려다가 상업적인 홍보가 중요하다는 걸 일깨워줘야 합니다. 이를테면 요즘은 이런 빵이 인기가 많다고 알려주고 그걸 만들어 팔게 해야 합니다. 그런 경험을 하고 나면 주민들은 자기 가게로 돌아가 연구를 합니다. 지역 주민들의 실력을 키우는 것은 지자체의 후원이 필요한 부분입니다.

실리적인 접근성을 위해서도 디자인은 중요합니다. 저도 일을 하면서 디자인의 중요성을 배웠습니다. 요즘 스타일의 디자인을 하니 그냥 지나치던 사람도 접근합니다. 심리적인 접근성이죠. 동네에 건물을 지을 때는 이웃집과의 상관관계가 보였습니다. 다른 건물과 너무 이질적이면 안 됩니다. 지저분한 동네는 아예 바꿔야 합니다. 한 곳이 앞장서서 바꾸고 따라오게 만들어야 합니다. 랜드마크처럼 건축물의 보기를 제안하는 거죠.

그 후에는 공간을 채우는 사람, 스타를 찾게 됐습니다. 이웃한 동네라 해도 '내가 거기까지 갈 이유가 있을까?'를 질문해보니, 공간을 채우는 플레이어에 대해 자연히 생각하게 되었습니다.

이런 일들을 하려면 지역 주민들과 소통이 가능해야 합니다. 지역적인 입장에서 고민하고 진정한 도시재생에 귀를 기울여야 하죠.

이 _ 쿠움파트너스가 생각하는 도시재생이란 무엇인가요?

김 _ 이미 오랜 세월이 지나 건축적 성능이 현저히 낮아진 건물들의 수명을 연장시켜 지역 가치를 향상시키는 행위, 이를 통해 다시 도시에 활력을 불어넣는 일이라 생각합니다. 다만 이를 위해서 오랜 기간 들여다보고 건축주, 건축가, 지역 주민, 지자체가 함께 머리를 맞대고 천천히 해답을 찾아가야겠죠. 마을의 골목길에 활기를 불어넣고, 소매상권의 다양성과 지속성을 품을 수 있는 방법을 만들어가는 것이 도시재생의 핵심 아닐까요.

interview _ "사람들이 머물 수 있는 공간을 가진 가게가 모여 동네를 바꾸어갑니다."

이 _ 참고하는 다른 건물이나 장소, 지역이 있나요?

김 _ 제가 사는 지역은 한정적이고, 국내뿐 아니라 세계 각국에 수많은 생각들로 이루어진 건축물과 도시와 마을이 있습니다. 그곳들을 모두 둘러볼 수 없고 모두와 대화해볼 수 없기에, 개인방송 건축전문채널을 즐겨 봅니다. 그 안에는 건축적 디자인과 철학도 있지만, 길과 거리의 풍경은 물론 그 사람들의 생각과 가치관을 들여다볼 수 있습니다. 평소에는 제가 사는 동네 주변을 걷거나 자전거로 다니며 우리 마을에 필요한 것들을 수시로 생각하고 지인들과 소통합니다.

이 _ 쿠움파트너스의 향후 목표는 무엇인가요?

김 _ 저희가 잘하는 일은 정확한 시장조사와 사전협의를 통해 건물 하나하나의 가치를 극대화하는 일입니다. 재생건축을 통해 사용자와 지역사회에 새로운 공간과 풍경을 제안하는 일은 마을 전체를 되살리는 동력이 됩니다. 재생건축 시장은 이제 막 주목받기 시작했습니다. 잘 디자인된 건물 하나하나가 어떻게 퇴색된 마을을 바꾸는지 보여주면서, 같은 뜻을 품고 있는 전문가들도 주변에 모여들고 있습니다. 건축, 인테리어, 시공, 금융, 부동산, 작가, 기자처럼 건축 및 마을 조성에 관련된 이들의 지식과 경험을 엮어, 새로운 가치와 아이디어를 꾸준히 생산하고 구현할 계획입니다.

다이칸야마의 어반 빌리지,
힐사이드 테라스

도쿄에서 가장 좋아하는 곳이 어디냐고 물어온다면 단연 힐사이드 테라스를 꼽을 것이다. 힐사이드 테라스는 도쿄 시부야에서 다이칸야마로 이어진 야마테 거리를 따라 늘어선, 총 14개 동의 건물이다. 1969년에 A와 B, 2개의 동이 세워진 후 30년에 걸쳐 완성되었으며, 2019년에는 준공 50주년을 맞았다. 다이칸야마라는 지역에서 오래 살아온 아사쿠라 가의 아사쿠라 부동산이 건축가 마키 후미히코에게 의뢰해 시작되었으며, 준공 후 줄곧 다이칸야마의 상징으로 자리해왔다.

힐사이드 테라스를 처음 봤을 때 주목하게 되는 것은 '높이'다. 일반적으로 부촌을 개발할 때는 수직 개발을 택한다. 가능한 한 건물을 높게 지어 최대한의 수익을 얻으려는 것이다. 하지만 힐사이드 테라스는 높이 10m 미만의 낮은 건물들이 자연과 어우러진 군집 형태로 개발되어, 마치 작은 마을처럼 느껴진다. 작은 건물들은 개개인의 요소로 유사와 차이의 네트워크를 만든다. 보는 위치에 따라 겹쳤다 떨어지는 건물의 조화와 짙은 녹음은 다이칸야마라는 동네의 인상을 완전히 바꿔놓는다. 마을 같은 힐사이드 테라스도 흥미롭지만 이와 관련된 배경은 더욱더 흥미롭다.

힐사이드 테라스가 계획된 1967년에는 구 야마테 거리 일대가 제1종 주거전용 지역, 제1종 고도지구여서 주거 외의 건물은 세울 수 없었고, 높이도 10m를 넘을 수 없었다고 한다. 그러나 높이 10m, 건폐율 80%, 용적률 150%라는 법의 규제 아래 시작된 힐사이드 테라스는, 규제가 완화된 후에도 하늘과 땅이 맞닿아 있는 저층의 스카이라인Sky Line을 고집했다. 인간을 위한 디자인, 휴먼스케일Human Scale이 더 중요하다고 판단한 것이다. 자연을 위협하지 않는 모던함과 간소함, 그리고 복잡함을 동시에 지닌 힐사이드 테라스 디자인에는 사는 사람들의 고민이 담겨 있다. 다이칸야마에서 주택지와 상업지의 균형이 공존하는 희소한 지역으로 성장한 힐사이드 테라스는, 인근 다른 건축물에도 압도적인 영향을 미치고 있다.

제1기(A, B동) 1969년

힐사이드 테라스는 구 야마테 거리와 구 아사쿠라 길이 교차하는 일각에서 시작되었다. 구 야마테 거리는 완만한 언덕으로, A동에서 B동의 서쪽 끝까지 약 2.5m의 높낮이 차이를 지하 통로로 연결했다. 도로와 접하는 반지하 코너 플라자에서 안마당을 빠져나오면 오픈된 지하도로 연결되는 공공 공간을 설계했다.

A동의 1층은 갤러리, 카페, 점포이고, 2층 이상은 주거다. B동은 지하가 레스토랑, 1층이 점포, 그 위가 집단 주택 타입의 주거 유닛으로 구성되어 있다.

제2기(C동) 1973년

제1기로부터 4년이 지난 후 C동이 완성되었다. 4년이라는 시간은 주위의 환경과 건축가의 의식 변화를 낳았고, 그 결과 애초의 프로그램을 변경하게 되었다.

제1기 때는 셀 수 있을 정도밖에 다니지 않던 차들이 A동 끝의 교차점에 육교가 생길 정도로 늘어나 차의 소음, 배기가스로부터 건물을 보호할 필요가 생겼다. 도보에서 60cm정도 높은 곳에 중정을 설계하고, 건물 2, 3층의 도로 측에는 가벽을 세웠다. 건물 외벽도 더럽혀지지 않는 타일로 바꿨다. B동과 C동 사이에는 당시 필요해진 주차장을 만들었다.

중정은 필로티를 사이에 세운 개방적인 공공 공간으로 만들었으며 이를 점포가 둘러싼 형태다. 자연히 사람들이 모여드는 장소가 되었다. 2, 3층에는 아사쿠라 가 사람들의 주거가 마련되었다.

제3기(D, E동) 1977년

중앙에 사루가쿠즈카(猿楽塚, 고분으로 문화재로 지정됨)를 둘러싸고 있는 부지에는 남북으로 가장 깊고 풍부한 녹음으로 파묻힌 D동, E동이 직각으로 배치되었다.

D동은 당초 주거 동으로 구성되었지만, 점포의 필요성이 강해져 회의 끝에 지층과 1층이 점포, 2, 3층이 주거로 계획되었다. 동측은 고분에 맞춰 기단 모양이 되었고 와키다 아이지로의 조각을 배치하여 기념 공간으로 구성했다. 사루가쿠즈카와 근접한 부분은 커브 모양의 테라스로 골목의 다양한 풍경을 볼 수 있다.

E동은 15호의 주거전용 동으로 지금까지는 임대만 했던 주택을 처음으로 분양했다. 남사면을 따라 지어진 건물은 사루가쿠즈카 쪽에서 보면 3층이지만, 실제로는 5층으로 모든 층이 외부와 직접 연결된다. 광장과 만나는 부분은 'E동 로비'라 불리는 다목적 공간이다.

덴마크 대사관 1979년

1979년, D동 옆에 덴마크 대사관이 준공되었다. 이 부지는 구 야마테 거리를 따라 아사쿠라 가 소유지의 서쪽에 위치한 아사쿠라 정미소를 운영하던 곳이다. 덴마크 대사관은 그때까지 미나미아오야마에 있었지만, 아사쿠라 부동산은 마키가 설계한다는 소건으로 덴마크 대사관에게 그 토지를 매각했다. 경비를 위해 대사관을 높은 벽으로 둘러싸는 것과 달리, 구 야마테 거리의 동네 형성을 고려해 대사관 사무동 전체를 북쪽을 경계로, 1층은 바람이 드나드는 통로가 되는 중정, 대사 공저, 남쪽의 정원과 겹겹으로 층을 이룬 공간으로 구성되어 있다. D동과 사무동의 경계에 수령 수백 년이 넘는 큰 나무가 있다. 덴마크 대사관의 요청으로 건물의 아이덴티티를 주기 위해 외장에 살몬 핑크 타일을 사용해 힐사이드 테라스의 하얀 외장과 대비를 강조했다.

제4기(힐사이드 아넥스 A, B동) 1985년

제3기로부터 8년이 지난 후 힐사이드 테라스 A동에서 메구로 강으로 내려가는 메기리자카目切坂를 사이에 둔 대지에 아넥스 A, B동이 세워졌다. 설계는 마키와 아사쿠라 양쪽이 추천한 모토쿠라 마고토가 담당했다. 이 건물들은 당초의 계획에는 없었기에 '집합 주거 계획'과는 내력이 다르다. 두 동 모두 1층은 주차장, 2층 이상은 아틀리에 형 테넌트 공간으로 사용하고, 장차 갤러리와 집회실로 사용한다는 계획이었다. 아넥스 A동은 언덕 커브를 콘크리트 곡면으로 나타냈고, B동의 유리블록은 언덕을 올려다 봤을 때 눈길을 사로잡는다.

제5기(힐사이드 플라자) 1987년

지금까지 주차장으로 사용하던 B동과 C동 사이의 공간 지하에 힐사이드 플라자를 건설했다. 1970년대의 끝에 제3기(D, E동)가 완성된 후 새로운 문화활동의 거점을 만들고 싶다는 의지가 강해져 '단지 내 집회실'로 다목적 홀(약 180인 수용)이 만들어졌다. 구 아사쿠라 가 주택과 정원이 개방될 당시 지상 공간을 입구 플라자로 사용할 것을 고려해 지하에 지었다. 다목적 홀은 12m의 직각 공간으로 설계하여 집회, 전시, 음악회, 그 밖의 퍼포먼스에 이용할 수 있다.

제6기(F, G, H동) 1992년

제6기의 콤플렉스가 완성된 것은 제1기 계획이 추진된 1967년으로부터 딱 4반세기가 지난 해였다. 아사쿠라 부동산은 종전 후

다이칸야마의 어반 빌리지, 힐사이드 테라스

구 야마테 거리의 북쪽에 소유하던 토지를 도쿄도에 경영 주택으로 대여했다가 반환받아 재개발을 실현했다. 도쿄도의 용도 지역변경에 따라 이 지구도 제1종 주거전용에서 제2종 주거전용이 되었지만, F, G동의 구 야마테 거리와 면한 곳은 10m의 처마 선을 유지하고 4, 5층을 뒤로 뺐다.

지층과 1층은 점포와 공공 공간, 2층 이상은 주거와 사무실이었다. 안에 있는 H동은 원래는 땅 주인의 개인 주거지로 F, G동에 맞춰 개축하였다(현재는 아사쿠라 부동산이 관리). 중앙 광장 안에는 유리창 외관의 전시 홀 '힐사이드 포럼'과 함께 이용할 수 있는 카페를 설계해 힐사이드 플라자와 함께 문화활동의 거점이 되었다.

힐사이드 웨스트 1998년

힐사이드 테라스는 제6기를 끝으로 마무리되었다. 그러나 그로부터 6년 후 G동에서 서쪽으로 500m쯤 앞에 힐사이드 웨스트가 완성되었다. 이 대지 북쪽의 하치야마초 주택가에 근접한 곳에 구 야마테 거리와 면한 대지를 통합한 토지를 아사쿠라 부동산이 구입해서 건설했다.

힐사이드 웨스트의 최대 특징은 구 야마테 거리와 북쪽의 도로를 연결하는 아케이드를 건물 안으로 통하게 한 것이다. 이 아케이드는 이른 아침부터 밤늦게까지 일반에 공개된다. 이 건물 내의 골목 공간이 주거, 점포, 오피스이자 서로 다른 표층(알루미늄 스크린, 스틸, 노출 콘크리트)을 지닌 세 가지 건물을 연결해 하나의 군을 이룬다.

힐사이드 테라스라는 이름은 낯설지 몰라도, 다이칸야마는 많은 이에게 친숙할 것이다. 다이칸야마 역에 내리는 우리나라 사람들의 대부분은 공통된 목적지로 향한다. 바로 CD, DVD, 도서 대여점인 츠타야에서 운영하는 티사이트T-SITE다. 2011년 힐사이드 테라스 F동 옆에 세워진 이곳은 총 3개 동으로 이루어져 있다. 각각 1층에는 주제별로 분류된 도서들이 진열되어 있으며, 2층은 CD & DVD 숍, 카페와 바 등으로 구성되어 있다. 츠타야 서점만의 탁월한 큐레이션, 취향을 고려한 편의시설, 휴먼 스케일에 맞춘 건축과 인테리어로 해마다 많은 사람들이 찾아오는 곳이다.

이러한 티사이트는 힐사이드 테라스의 영향을 받은 대표적인 장소다. 티사이트의 사이트에는 힐사이드 테라스에 대한 존경심을 엿볼 수 있는 문구가 실려 있다.

'유서 깊은 토지에 또 다른 품격을 더한 것은 다이칸야마의 랜드마크인 힐사이드 테라스입니다. 아사쿠라 가와 건축가 마키 후미히코 씨에 의해 30년이라는 세월에 걸쳐 완성된 힐사이드 테라스는 거리의 생김새와 분위기, 그리고 거리의 문화를 세심하게 만들어 나갔습니다.'

구 야마테 거리는 힐사이드 테라스와 이를 오마주하는 새로운 건축물이 더 큰 군집을 이루며 다이칸야마의 상징으로 자리잡았다. 안도 다다오의 'BIGI 본사'(1979년), 에드워드 스즈키의 '쟌 폴 고티에'(1986년), 다케야마 미노루의 '이집트 아랍 공화국 대사관'(1986년), 루이 설계실의 '도립 제1 상업고교', 그리고 클라인 앤드 다이섬의 '다이칸야마 티사이트'(2011년)까지 구 야마테 거리는 힐사이드 테라스에 영향을 받은 건축군이 형성되어 다이칸야마 고유의 거리를 만들어낸다.

힐사이드 테라스와 구 아사쿠라 가 주택이 있는 다이칸야마는 북으로는 간다 강, 남으로는 메구로 강이 형성하는 하곡으로 둘러싸인 곳이다. 아사쿠라 가가 언제부터 이 지역에 터를 잡았는지는 정확한 자료가 남아 있지 않지만, 늦어도 18세기 초인 1720~30년대로 추정된다. 아사쿠라 가는 원래 시부야에서 정미소를 크게 하던 가문으로, 1929년 게이오 대학을 졸업한 아사쿠라 세이치로가 집합주택인 공탁사 아파트를 건설하면서 부동산 산업을 본격화했다. 1929년부터 1940년까지 다이칸야마, 에비스,

나카메구로 일대에 건설한 공탁사 아파트를 한때 1000채까지 소유할 정도로 번창했다고 한다. 그러다 2차 세계대전이 발발하면서 목조 아파트의 90%가 전쟁통에 불타 사라졌고, 가문의 자택과 토지, 건물 모두 경매에 넘어가게 되었다.

설상가상 정비소도 폐업한 터라 수입이 없던 아사쿠라 가는 구 야마테 거리 근처 모퉁이에 세워진 공탁사 사무소의 2층으로 이사하게 된다. 그 건물부터 당시 식량배급공단이 사용하던 정미소까지, 구 야마테 도로의 좁고 긴 장소가 아사쿠라 가에게 남겨진 유일한 토지였다. 이후 사무소의 건물을 학생 기숙사로 운영하고 남은 땅에 주차장을 운영하면서 살다가 1961년 장남 도쿠도우, 차남 겐고가 대학을 졸업한 후, 콘크리트 구조 아파트를 메구로 히가시야마에 건설하며 제2의 도약을 꿈꾸게 되었다.

세이치로는 남겨진 땅에 새로운 아파트를 지을 계획을 세웠다. 그는 훗날 아들들에게 "그곳에 건물을 지으면, 건물의 기능을 뛰어넘는 무언가 특별한 가치를 가질 것 같다"고 종종 이야기했다고 한다. 그도 그럴 것이 남겨진 땅은 에도 시대부터 이어진 아사쿠라 가의 사업이 시작된 곳으로, 아사쿠라 가에는 중요한 의미가 있는 곳이었다.

1697년 세이치로는 게이오기주쿠 학원의 은사 소개로 마키 후

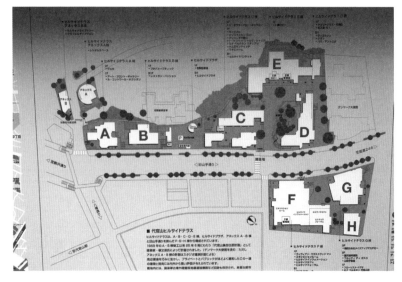

힐사이드 테라스 안내도. ⓒ이원제

다이칸야마 츠타야서점T-SITE와 맞닿아 있는 힐사이드 테라스 G동. ⓒ이원제

여러 개의 건물들이 마을처럼 군집을 이룬 힐사이드 테라스. ⓒASPI

미히코를 만났는데, 처음부터 마음에 들었다고 한다. 사실 아사쿠라 가와 마키 후미히코 모두 유치원부터 대학교까지 엘리베이터 식으로 진급하는 사립 명문 게이오기주쿠 학원 출신이기에, 그 인연 또한 무시할 수 없었을 것이다.

당시 마키의 나이는 서른 아홉 살. 두 사람이 만난 지 2년 후인 1969년, 힐스테이트 테라스 A, B동이 탄생했다. 애초 계획은 한 동이었는데, 마키가 새로운 제안을 해 규모가 커져 두 동이 되었다고 한다.

마키는 그 후로 무려 30년 동안이나 아사쿠라 가와 일하며 힐사이드 테라스를 만들었다. 결국 힐사이드 테라스는 오랜 세월 전적으로 한 건축가를 믿어준 지역의 명문가와 그들의 기대에 호응하며 새로운 제안을 마다하지 않던 건축가와의 신뢰로 만들어졌다 해도 과언이 아니다.

건축가 마키 후미히코는 힐사이드 테라스에 대해 "개개의 건물이 모여 마을을 이루고 도시를 이루는 집합적 형태들에 대해 탐구하며, 각 요소들이 서로 관계를 맺는 양상에 집중해 설계했다"고 설명한다. 기능을 담당하는 공간보다 연결의 흐름을 가능하게 하는 외부공간과 운동체계를 더 중요하게 생각해 디자인했다는 것이다. 또한 전통적인 마을의 공간구조를 관찰하고 이를 군집 형

222
도시를 바꾸는 공간기획

태로 발전시키는 과정에서, 개별 건물들이 각자의 개성을 유지하면서 도시 형성에 참여한다는 것을 중요하게 여겼다. 기능주의적 도시계획과는 확연히 차이 나는 대목이다.

주거, 상가, 사무실, 문화시설의 복합건물 군으로 이루어진 힐사이드 테라스는 30년 동안 건설되었기에 마키 후미히코는 '시간'이라는 변수를 설계의 가장 중요한 요소로 보았다. 초기에 계획된 건물들도 세월에 따라 변하는 도시의 특성과 사용자 요구에 맞춰 수정, 설계되었기에, 각기 다른 시기에 지어진 건물들과 서로 반응하며 기존의 도시구조와 어울리는 자연스러운 군집 형태가 될 수 있었다. 한편 모든 단계에서는 재료와 입면 구성의 통일감, 내외부 공간의 시각적 연결, 일정하고 친밀한 스케일의 확립에서 오는 건물의 정면과 길의 상호작용, 보행자 공간의 다양한 설계에서 오는 전이공간의 역동성 등을 고려했다.

건축주이자 오너인 아사쿠라 가는 다이칸야마에서 대대로 살아온 주민으로서, 힐사이드 테라스야말로 다이칸야마의 더 나은 삶을 추구하는 과정에서 기획됐다고 말한다. 앞서 말한 것처럼, 휴먼스케일을 강조하는 힐사이드 테라스가 지금의 모습을 유지할 수 있는 건 아사쿠라 가문의 철학 때문인지도 모른다. 아사쿠라 가는 자본주의 부동산 개발 논리에서 벗어나, 마을 만들기를

힐사이드 테라스 준공 50주년 기념전시장. ⓒ이원제

실천한다.

힐사이드 테라스의 제1기는 아사쿠라 가의 부동산 사무실이 있던 자리로, 처음 그곳을 부수고 새로 건물을 짓는 것에 약간의 저항감도 있었다. 하지만 아사쿠라 가는 마키 후미히코를 만난 후 전적으로 그를 신뢰할 수 있다고 판단했다. 마키 후미히코를 향한 그들의 존경심과 믿음은, 30년 동안 한 명의 건축가에게 프로젝트를 일임하는 것으로 이어졌다.

오랜 시간에 걸쳐 완성된 힐사이드 테라스의 휴먼스케일 건축물은 높은 평가를 받고 있다. 현재 힐사이드 테라스의 운영은 아사쿠라 세이치로의 차남인 겐고 씨가 하는데, 그는 아사쿠라 가에서 처음부터 큰 목표를 갖고 힐사이드 테라스를 계획한 것은 아니라고 말한다. 그에 따르면 솔직히 계획적으로 시간을 들여 저층 건물을 지으려 했던 건 아니고, 당시의 건축기준법이 엄격해서 다른 용도로 사용하려면 시간이 많이 걸릴 수밖에 없었다고 한다. 세상의 변화와 지역의 상황, 사용하는 사람들의 조건 변화, 완성한 건물로부터 얻은 경험 등을 반영해 만들었는데, 우연히도 시간차가 잘 맞아떨어진 것이다.

심지어 제1기가 완성된 직후 건물의 이름도 없었으나, 건축잡지에 소개되면서 건축가나 건축을 공부하는 학생들이 찾아오는 곳이 되었고, 마키 후미히코가 뒤늦게 '힐사이드 테라스'라는 이름을 지었다고 한다.

　제1기가 완성된 후 10년 이상이 걸려 제3기가 완성되는 동안에도 힐사이드 테라스의 공공 공간은 적절하게 활용하기가 어려웠다. 이 상황을 지켜보던 마키 후미히코가 지금도 지속되는 'SD 리뷰'라는 기획을 제안하며 '소프트웨어는 전문가가 있는 편이 좋다'고 조언한 것이 힐사이드 테라스 문화활동의 시작이다. 제4기 이후에는 음악, 아트, 그 밖의 다른 이벤트를 위해 규모가 큰 공간을 만들었고, 지금은 공간 대여뿐 아니라 힐사이드 테라스가 주최자가 되어 여러 이벤트를 열고 있다. 이러한 이벤트를 통해 자연히 지역 마을 모임과의 교류도 생겨났다. 제5기부터는 지역의 문화활동을 할 수 있는 공간에 주목하기 시작했고, 힐사이드 플라자가 완성된 후에는 다양한 전시회와 음악회 등이 열리고 있다. 매년 여는 사쿠가쿠제(어반 빌리지 다이칸야마 가을 축제)도 그중 하나다. 힐사이드 테라스는 항상 모든 사람에게 열려 있는 공간이 되기 위해 여러 이벤트를 개최한다. 자연스레 동네 주민들이 자연스레 모이는 곳이 된다.

　다이칸야마역은 원래 1986년 폐쇄될 예정이었지만, 폐쇄 반대

운동이 일어나면서 1989년 새롭게 오픈했다. 다이칸야마는 역 앞을 중심으로 빠르게 변해갔으며, 주변의 상업지인 시부야, 에비스, 나카메구로의 재개발에 발맞춰 상업시설이 들어서기 시작했다. 1996년 시작된 도준카이 다이칸야마 아파트의 재개발이 그 신호탄이다. 2000년에는 1.7헥타르 부지에 총 501가구, 36층의 고층 집합주택에, 쇼핑센터와 시부야구의 공공시설인 '다이칸야마 스포츠 플라자'를 포함한 5개 동의 중고층 건축이 '다이칸야마 어드레스'라는 이름으로 들어섰다.

다이칸야마 어드레스는 생기자마자 다이칸야마의 새로운 상징이 되었고, 특히 '야마토 나데시코'라는 드라마에서 주인공이 혼자 사는 집으로 나오면서 단숨에 일본 젊은이들에게 선망의 대상이 되었다. 미디어의 노출이 많아지자 시부야, 에비스, 나카메구로에서 유입되는 사람들도 늘어났고, 유동인구의 증가와 함께 다이칸야마 어드레스 완성 전후로 상업 빌딩이 속속 들어섰다. 다이칸야마에 들어온 대기업이 본격적인 마케팅을 시작하자 수익추구형 점포가 늘어났고, 외부에서 온 불특정다수의 방문객이 많아지면서 도로에는 쓰레기와 낙서가 늘어났고 소음 문제도 심해졌다.

다이칸야마의 주민들은 갑자기 변해버린 동네를 보고 머리를 맞댔다. 그들은 오랜 기간에 걸쳐 변해온 거리 풍경과 네트워크, 문화활동 등 지금껏 쌓아온 경험을 토대로 다이칸야마를 어떤 마을로 만들 것인지, 즉 '마을 만들기'를 모색하기 시작했다. 2000년 가을, 힐사이드 테라스에서는 '어반 빌리지 다이칸야마' 구성회의가 열렸다. 어반 빌리지Urban Village는 도시환경을 휴먼스케일로 만들어 사람이 사는 커뮤니티를 재생하자는 운동에서 생겨난 개념으로, 1989년 영국의 도시마을 운동으로부터 시작된 것이다. 주민들은 어반 빌리지라는 기치 아래 다이칸야마의 상을 모색한 후 다음과 같이 정리했다.

첫째, 저층, 중층의 집합 주거가 밀집된 휴먼스케일 거리로 추진한다.

둘째, 단지인증 제도와 사용허가 제도를 활용하여 복수의 건축물을 종합적으로 배치, 구성하고 혼합 용도로 활용해 다양성을 확보할 수 있는 방향으로 추진한다.

셋째, 소규모 연쇄형의 단계적이고 지속적인 개발을 추진하고, 지역 문화유산인 아사쿠라 저택을 보존하는 동시에 현대의 개발과 연계하여 점진적으로 추진한다.

넷째, 지구 계획을 활용하여 힐사이드 테라스의 질 좋은 환경과 경관을 유지하면서 주변으로 파급시킬 수 있는 협의회를 조직하고 도시 정비의 협의 조정규칙을 마련하여 추진한다.

우리가 사는 동네의 재개발은 어제오늘의 이슈가 아니다. '어반 빌리지 다이칸야마'는 재개발에 필연적으로 따르는 동네의 변화를 받아들이면서도, 더 좋은 마을을 만들기 위해 주민들이 직접 움직인 사례다. 이처럼 마을 사람을 생각한 건축은 주민들을 모이게 하고, 그 마을을 계속 지켜나가는 원동력이 된다.

물론 모든 일에는 주도하는 사람이 필요하다. 마키 후미히코는 일본을 대표하는 건축가다. 그는 유리, 금속, 콘크리트를 주로 사용하는 모더니즘 건축가로, 1993년에는 건축분야의 노벨상이라 불리는 프리츠커상을 수상하기도 했다. 그는 무려 50년이라는 오랜 세월에 걸쳐 힐사이드 테라스를 만들며, 시대의 변화와 성장을 반영해왔다. 같은 듯 다른, 다른 듯 같은 힐사이드 테라스와 그의 건축철학에 대해 들어보았다.

interview

"우리에게는, 도시 생활을
풍부하게 만드는 공간이 필요합니다."

이 __ 힐사이드 테라스의 디자인은 어디서 영감을 얻었나요?

마키 후미히코(이하 마키) __ 어린 시절, 부모님이 요코하마로 자주 데려가 외국 크루즈를 보여주셨습니다. 층층이 올린 거대한 흰 배가 무척 인상적이었습니다. 층들을 연결하는 얇은 철제 난간이 신기했죠. 두 번째는 건축가 다니구치 요시로가 설계한 게이오기주쿠 유치부(초등학교에 해당)입니다. 5년 정도 그곳에서 시간을 보냈는데요. 그 건물은 누구든 교실에서 바로 운동장으로 내려갈 수 있게 설계되어 있었습니다. 무엇보다 공작 교실에는 당시로서는 드물게 2층에 바람 빠져나가는 공간이 있었습니다. 그것을 오마주한 것이 힐사이드 테라스 제1기의 A, B동입니다. 그리고 몇 년 후, 제2기를 디자인할 때는 공간 안에서 사람의 움직임을 많이 관찰했습니다. 그 결과 제2기의 공간 구성은 중앙정원을 둘러싸는 형태가 되었죠.

약 10년이 흐른 후 제3기를 완성했는데요, 1층 점포와 2층의 주거공간의 입주자는 금방 채워졌습니다. 주거공간은 최초의 고급 아파트, 두 번째의 중앙정원을 감싸고 있는 공동주택, 테라스하우스, 당시 도쿄에서 유행하기 시작한 원룸 맨션 등 다양한 특색이 있는 공간들을 만들었습니다. 주거와 일의 다양화가 진행되는 현대 도시의 삶의 방식에 맞춘 것입니다.

도쿄의 넓은 도로를 따라 늘어선 건물들은 다른 일본의 대도시처럼 용적률과 높이가 높습니다. 대신 좁은 도로와 낮은 건물이 개성적으로 전개된 공간은 적죠. 저는 이를 '껍질과 속'이라고 부르는데요. 다이칸야마의 구 야마테 거리에 접한 힐사이드 테라스 부근은 훌륭한 껍질에 속이 꽉 찬, 도쿄에서는 드문 장소입니다. 아사쿠라 가의 역할이 크다고 생각합니다.

그러나 저는 제3기 이후 주거, 점포, 레스토랑만으로는 무언가 부족하다고 느꼈습니다. 아사쿠라 가의 차남인 겐고 씨와 이야기를 나눈 후, 제3기의 공간도 포함해 갤러리, 홀, 도서관 등의 문화시설을 채우고 싶어졌죠. 그런 시설이 생기면 지금까지는 없었던 다양한 커뮤니티가 생길 것 같았습니다. 이곳에서 다양한 사람들과의 일상적인 만남, 거기서부터 생겨나는 자연스러운 커뮤니케이션은 대도시일수록 중요하지 않을까요. 생활공간의 다양화는 현대 도시의 특색 중 하나기도 하고요.

이 _ 건축가가 꼽은 힐사이드 테라스의 매력이 궁금합니다.

마키 _ 도심 속에 나만의 공간이 있다는 겁니다. 도시의 공동 공간이 활성화되는 건 중요합니다. 그러나 때로는 고독을 즐길 수 있는 장소가 필요하죠. 저는 독일 철학자 니체의 '고독은 나의 고향이다'라는 말을 좋아하는데요, 집 안에만 틀어박히라는 이야기가 아닙니다. 제6기 건물의 카페는 식사도 할 수 있는데요, 사무실과 가까워 종종 점심을 먹으러 갑니다. 자주 마주치는 장년의 손님이 있었는데, 항상 같은 자리에 앉아서 처음에는 화이트 와인 4분의 1병을 주문하고, 반 정도 마신 후에 샌드위치를 주문한 후 커피로 끝냅니다. 그러고는 구 야마테 거리를 지나다니는 사람들을 바라봅니다. 카페 사람에게 물으니 근처 교회의 목사라고 하더군요. 그에게 이곳에서의 한때는 잠시나마 고독을 즐기는 그만의 작은 의식이 아니었을까요. 많은 사람이 다른 사람은 모르는 의식을 행하는 거죠. 그것이 도시의 생활을 풍성하게 만들죠.

이 __ 결국 힐사이드 테라스의 매력은 사람에 있는 거네요. 이곳만의 커뮤니티가 있나요?

마키 __ 있습니다. 힐사이드 테라스에 살고, 일하고, 혹은 시설과 관련된 사람들이 이곳을 사랑하는 마음에서 만든 '다이칸야마 멋진 마을 만들기 협의회'라는 커뮤니티입니다. 이 커뮤니티 활동은 단순히 힐사이드 테라스를 지킨다는 마음을 넘어서서, 다이칸야마 지역 전체를 새롭고 좋게 만들려는 것입니다. 다이칸야마에서 어떤 종류든 큰일을 하고 싶어 하는 사람은 가장 먼저 이곳에 문의할 정도로 존재감이 큽니다. 아사쿠라 가 주택의 유지, 제1기 앞에 있던 육교를 노인들을 위해 철거한 것, 이웃인 다이칸야마 티사이트와의 사이에 있는 큰 수목을 보존해 힐사이드 테라스와의 연속성을 만든 것 등이 커뮤니티가 이룬 성과입니다.

이 __ 아사쿠라 저택 이야기는 취재 중에 들었습니다. 중요문화재가 되었다고요.

마키 __ 아사쿠라 가는 아사쿠라 저택을 전쟁 후 재산세 납부를 위해 국가에 반납했습니다. 저택은 오랫동안 일종의 집회장으로 이용되었는데요. 국가가 땅과 시설을 민간에 매각하려 했지만, 앞에서 언급한 커뮤니티를 중심으로 이곳을 사랑하는 정치가, 재계

인, 문화인들이 반대해 일본의 가옥과 정원을 보여주는 중요문화
재로 지정되었습니다.

이 ＿ 힐사이드 테라스에는 문화시설이 많습니다.

마키 ＿ 제3기가 완성된 후 아사쿠라 겐고 씨와 저는 지역을 위
해 더 많은 문화시설을 넣고 싶었습니다. 이색적인 공간으로 지하
홀이 있는데요, 함께 일하는 건축가 도쿠도우 씨의 강력한 요구로
제1기와 제2기 사이의 주차장 지하를 홀로 만든 것이죠. 이곳에
서는 음악 활동을 중심으로 다양한 이벤트가 열리며 많은 사람
들이 찾아왔습니다. 1984년에는 기타가와 후라무 씨가 운영하는
아트 프런트 갤러리와 제6기의 포럼을 중심으로 미술 활동을 전
개했고, 매년 이곳을 중심으로 열리는 가지마출판회의 SD리뷰(건
축, 모형, 인테리어 드로잉에 주는 상)는 젊은 건축가들의 등용문이
되기도 합니다.

이 ＿ 힐사이드 테라스는 처음부터 지금의 마스터플랜을 갖고
있었나요?

마키 ＿ 처음부터 기획한 건 아니었습니다. 처음 1기를 완성한
후 천천히 더해나간 겁니다. 1기를 완성한 후 상업시설이 모두 입

주한 모습을 보고 아사쿠라 가와 논의해 다음 단계를 진행해보
자는 의견이 나왔습니다.

이 __ 힐사이드 A동이 완성된 지 50년이 넘었는데요. 50년 전과
비교하면 어떻습니까?

마키 __ 50년 전의 사진과 지금을 비교하면 완전히 다른 모습이
죠. 티사이트도 생겼고 이 주변에서 일하는 사람도 늘었으니까요.
가령 레스토랑 같은 곳에서 구 야마테 거리를 다니는 사람들을
보면 기분이 좋습니다. 그렇게 썰렁하지도 않고 그렇다고 복잡하
지도 않습니다. 이 힐사이드 테라스는 도쿄에서도 균형이 잘 잡
힌, 사람이 다니기 좋은 장소라고 생각합니다. 보고 있으면 즐겁
습니다. 처음에는 전혀 생각지도 못했습니다. 모든 사람들이 만들
어준 분위기라 생각합니다.

이 __ 마지막 제6기는 소회가 남다를 것 같습니다.

마키 __ 제1기가 완성된 지 25년 후에 지어졌기 때문에, 그동안
의 경험을 반영했습니다. 주거공간으로 기획했는데, 당시 도쿄에
서 유행하기 시작한, 소호SOHO 타입의 아파트로 만들었죠. 또 1,
2층에는 갤러리와 카페가 일체화된 공간을 기획했습니다. 건물

사이에 광장을 만들어 평소에는 조용한 열린 공간이지만, 마켓이 열리면 사람들이 모이는 공간으로 만들었고요. 안쪽의 작은 광장에서 구 야마테 거리를 바라보면 광장의 큰 나무를 통해 빛이 들어오기 때문에 마치 어딘가의 안쪽에 들어온 느낌이 듭니다. 저밀도의 공간이 모여 있기 때문에 이러한 휴먼 공간의 연출이 가능했죠.

이 __ 힐사이드 테라스와 나란히 있는 덴마크 대사관도 설계하셨죠.

마키 __ 덴마크 대사관 부지도 원래 아사쿠라 가의 땅이었습니다. 아사쿠라 가의 호의로 제가 설계를 맡게 되었습니다. 다만, 흰색 건물이라면 힐사이드 테라스로 보일 수도 있으니 다르게 해달라는 요청이 있어서 살몬 핑크 타일이 되었습니다. 덴마크 대사관은 힐사이드 테라스의 이벤트에도 적극적으로 협력하는 좋은 이웃입니다.

이 __ 티사이트가 만든 변화가 있나요?

마키 __ 서로 플러스가 된다고 생각해요. 티사이트는 집객력이 있으니까요. 게다가 보도 쪽에 있어서 티사이트 건물이 세트백이 되고 벤치가 있어서, 점심 먹는 사람이나 아이를 데리고 오는 사람도 많죠. 도보를 중심으로 한 공간이 힐사이드와는 또 다른 형태를 띠고 있기에 굉장히 좋은 곳이라고 생각합니다. 그야말로 '정말 좋은 이웃'입니다. 저 역시 티사이트에 있는 스타벅스 츠타야점에 점심을 먹거나 책을 보러 갑니다.

이 __ 힐사이드 테라스의 미래는 어떨까요?

마키 __ 힐사이드 테라스는 현재, 모두 건재합니다. 저마다의 독자적인 공간구성으로 잘 어울리고요. 거주하는 사람들이나 방문하는 사람들 모두 인간적인 분위기에서 시설을 이용할 수 있습니다. 중요한 것은 제1기와 제6기 사이에 25년이라는 시간 차가 있지만, 그 차이를 조금도 느낄 수 없을 만큼 제1기의 공간도 붐비고 있다는 사실입니다.

몇 년 전 스페인 마드리드에 갔을 때 그곳의 중심인 산티아고 광장에 갔습니다. 그곳에서 작은 스크린을 바라보는 사람들이 눈에 들어왔습니다. 무슨 일인지 물어보니 지금 오페라하우스에서 도밍고가 노래를 부르고 있다고 설명하더군요. 광장 근처의 오페라하우스에서 무료로 볼 수 있게 만든 것이죠. 광장에서 도밍고의 노래를 무료로 들을 수 있는 삶이라니. 일본에서도 자주 쓰는

'조건 없는 사랑'이라는 말이 생각났습니다. 조건 없는 사랑은 영어로는 'unconditional love'입니다. 성경에 자주 나오는 말이죠. 문화의 본질은 조건 없는 사랑에 존재합니다. 정치의 세계와는 다르죠. 앞으로도 지금껏 그래왔듯 서로의 신뢰를 바탕으로 무상의 사랑을 지켜나갈 수 있다면, 미래는 밝지 않을까요.

이 __ 다이칸야마의 50년 후를 어떻게 생각하시나요?

마키 __ 일단 저는 없겠네요. 거기까지는 생각해보지 않았지만 우리의 역사가 좋은 영향을 미쳤으면 좋겠습니다. 아사쿠라 가의 겐고 씨를 중심으로 지역 주민과 함께, 지금의 형태를 잘 지켜나갔으면 좋겠습니다. 가능한 지금과 같은 모습이면 좋겠다는 바람입니다.

도시의 숨은 조력자를 찾아서

반드시 비행기를 타지 않아도, 먼 곳으로 이동하지 않아도 우리
는 늘 일상을 여행하며 살아간다. 내가 사는 도시와 동네를 걷는
것 역시 일종의 여행이다. 내 여행의 특징은 '오래 보기'와 '재방문'
으로 나눌 수 있다. 둘 다 건축물과 그를 둘러싼 사람, 도시와의
관계성을 보는 데 아주 좋은 방법이다.

　이렇게 여행하다 보면 멈추어 있는 건축물과 움직이는 사람들
이 대비되며, 건축물과 사람들의 상호작용이 눈에 들어온다. 특히
건축물의 기능(미술관, 오피스, 주택, 공공건물, 상업시설, 복합기능의
단지)에 따라 사람들의 행동패턴이 달라지는데, 디자인을 연구하
는 나에게는 이 사실이 무척 흥미롭게 다가온다. 주변의 역사적,

지리적, 사회적, 지역적인 맥락이 공간에 어떻게 영향을 미치는지를 발견하는 것도 도시 여행자의 놓칠 수 없는 즐거움이다. 그 지역만의 맥락을 지닌 공간들을 하나둘씩 찾아낼 때마다 도시를 보는 관점이 달라지고 시야는 넓어진다. 이 책 또한 그러한 공간과 시간이 만들어낸 결과물일 것이다.

　장충동 한양도성 성곽길을 올라가다 보면 나이가 꽤 들어 보이는 붉은 벽돌 건물을 만난다. 창의적인 도시 생산자들을 위한 공유 오피스 '로컬 스티치'의 약수점인 이 건물은 도입부부터 압권이다. 장충동에서 약수동으로 올라가는 대로에서 들어가는 정문의 앞쪽은 붉은 벽돌로 이루어진 휴식공간과 조경공간, 계단으로 이루어져 전이공간의 역할을 하기에 충분하다. 성곽길을 따라 올라가는 건물 후문과는 전혀 다른 경험이다. 내부 역시 건물의 특이한 형태 덕분에 각 층마다 보이는 풍경이 다른 데다, 건물 주변의 조경 또한 건물에 왠지 모를 신비로움을 더한다.
　로컬 스티치의 가장 큰 매력은 서울에 위치한 (상대적으로 저평가된) 작고 오래된 건물들을 찾아 그 건물에 새로운 기능을 부여함으로써, 입주자들에게 (우리가 놓치고 살았던) 시간을 담은 건물의 가치를 깨닫게 하고, 나아가 그 건물이 위치한 지역만의 맥락을 느낄 수 있게 하는 것이다. 개인적으로 로컬 스티치가 전개하는 대부분의 공간을 좋아하지만, 약수점이야말로 장충동과 약수동이라는 주변 동네를 알리는 탁월한 트리거 역할을 한다고 생각한다. 게다가 역 주변이지만 강남역처럼 붐비지 않고 건물 규모도 압도적이지 않아 갈 때마다 기분이 상쾌해진다. 커다란 창문 밖으로 보이는 나무도 회의 분위기에 적지 않은 영향을 미치므로, 외부 미팅 때도 애용한다. 우리에게는 이처럼 삭막한 도심에 생명력을 불어넣는 공간, 도시의 숨은 조력자들이 더욱더 많이 필요하다.

우리가 목적성을 갖고 사용하는 공간이나 건물만이 그러한 역할을 하는 것은 아니다. 이 책을 마무리하는 동안 다녀온 제주 출장에서도 더할 나위 없이 훌륭한 도심의 조력자를 만났다. 바로 '디앤디파트먼트 제주'가 위치한 탑동의 골목에서 건물과 공용부를 지나 객실로 이어지기까지 놓여 있는, 다양한 휴먼스케일의 식물들이었다. 손님과 투숙객을 반갑게 맞이하는 이 식물들은 자칫 인스타그래머블한 공간으로만 보일 수 있는 이곳을, 인간적인 동네 풍경으로 만들어준다. 객실에 놓인 식물 역시 마찬가지였다. 우리가 사는 집과 호텔(숙박시설)을 구분하는 가장 큰 요소는 친밀감 내지는 생활감일 것이다. 디앤디파트먼트 제주에서는 '파도식물'이라는 회사가 조경을 맡아 일일이 다양한 식재를 보살피는데, 숙소의 라운지나 객실이 콘크리트 벽임에도 이질감이 느껴지지 않았던 것은 주위에 자연스럽게 배치된 식물들 덕분이었다.

탑동의 아스팔트 도로에 놓인 식물들을 보면서 나도 모르게, 우리가 사는 동네를 편안하고 친근하게 만들어주는 공간, 도시의 숨은 조력자가 더욱더 많아지면 좋겠다는 생각이 들었다. 도시를 바꾸는 공간은 아주 작은 변화에서 시작되는 법이니까. 이 책 또한 누군가에게 그러한 조력자가 되기를 진심으로 바란다.

이원제

임태병

문도호제 소장으로, 건축가이자 기획자이며 운영자다. 2000년대 초반부터 홍대 카페문화의 시초라 할 수 있는 카페 '비하인드'를 운영했고, 이후 단독주택을 개조해 개성 있는 작은 가게들의 장기임대를 보장하는 플랫폼 '어쩌다 가게'를 기획했다. 현재는 '중간주거'라는 가볍고 유연한 주거 실험을 진행 중이다. 공간을 통해 실체가 없는 아이디어들을 실현하며, 동시대 사람들이 공감하며 누리는 새로운 문화를 만들어간다.

스즈키 요시오

카시카 디렉터. 공간 설계부터 운영까지 공간 컨설팅 회사 서커스의 대표이자, 가상의 빵가게 타키비 베이커리TAKIBI BAKERY 대표를 맡고 있다. 신키바의 거대한 목재창고를 고친 카시카의 디렉션을 맡아 물건 매입부터 갤러리 기획까지 담당하고 있다.

심기보

신진말, 코스모40의 대표. 청송심씨 고택인 한옥을 중심으로 미국 전통식 바비큐 '파운드'와 커피 하우스 '빈브라더스', 음식점 '신진말' 등을 잇달아 오픈했다. 화학공장을 리노베이션해 복합문화공간 코스모40을 만들었으며, 공간을 중심으로 낙후된 인천 서구 가좌동 일대를 바꾸어가고 있다.

성훈식

에이블 커피그룹 공동대표, 코스모40 프로젝트 리더. 카페와 로스팅 공장을 운영하는 에이블커피그룹 공동대표로, 빈브라더스에서는 브랜드 디렉터를 맡고 있다. 심기보 대표와 화학공장을 리노베이션해 만든 복합문화공간 코스모40의 프로젝트 리더로, 운영부터 브랜딩까지 폭넓게 활약하고 있다.

우치누마 신타로

누마북스NUMABOOKS 대표이자 북코디네이터. 2012년, 맥주를 팔며 매일 이벤트를 개최하는 서점 '책방 B&B'를 오픈, 운영 중이다. 그 밖에 아오모리현 하치노헤 시의 공공시설 '하치노헤 북센터'의 디렉터, '일기가게 츠키히'의 주인이다. 또한 시모키타자와와 세타가야 사이에 있는 '보너스 트랙' 운영을 맡은 주식회사 산뽀샤의 임원이다. 직접 책방을 운영하면서 책과 관련된 여러 분야에서 일하며 다양한 이벤트 기획, 공공기관과 상업시설의 북 디렉팅 등을 통해 좀 더 많은 이들이 책을 즐길 수 있는 방법을 생각한다. 저서로《앞으로의 서점 독본》,《책의 역습》등이 있다.

이상묵

지랩 공동대표, 스테이폴리오 대표. 스토리에 기반하여 장소와 공간을 만드는 디자인그룹 지랩 설립자이자, 스테이폴리오의 대표이다. 개개인의 라이프스타일에 맞는 개별화된 브랜드 전략으로 '눈먼고래', '창신기지', '제로플레이스' 등을 기획 및 설계했고, 인천 가좌구에 신진말 마스터플랜을 세웠다.

노경록

지랩 공동대표. 건축사사무소 이일공오에서 실무를 쌓았다. 2011년 이상묵, 박중현과 지랩을 창업했다. 건축설계를 넘어 건축의 마이크로 디자인부터 건축물이 들어서는 지역의 미래를 염두에 둔 로컬 디자인까지, 건축의 토털 디자인을 실현하고자 한다.

박중현

지랩 공동대표. 서울연구원에서 서울시 경관계획, 서울의 도시형태 연구 등 서울을 비롯한 지방도시에 대한 도시·건축적 연구를 진행했다. 2011년 이상묵, 노경록과 지랩을 창업했다.

가지와라 후미오

전 UDS 회장. UDS는 공간 기획, 디자인, 운영을 동시에 진행하는 회사다. 30가구가 함께 땅을 사고 자금을 모아 지은 조합주택을 시작으로 갤러리, 레지던스, 코워킹 스페이스를 복합적으로 설계, 운영한 클라스카 호텔, 무인양품과 협업한 무지 호텔 등 다양한 공간을 만들고 있다.

마에다 겐고

하마초 호텔 지배인. 하마초 호텔은 마을 만들기라는 컨셉으로 일본 공간 기획사 UDS가 기획, 디자인, 운영하고 있는 곳이다. 컨셉에 맞게 지역민과 투숙객이 함께 어울리는 다양한 커뮤니티 프로그램을 운영하고 있다.

김종석

쿠움파트너스 대표. 서울 연희동과 연남동 일대에 70여 채의 건물 신축과 증축, 리모델링 프로젝트를 진행했다. 오래된 주택을 생산성 있는 건물로 탈바꿈시키는 혁신적 디자인으로 증축과 용도변경을 진행한다. 세월이 담긴 추억, 기억을 트렌디하게 이끌어내는 감성의 재생건축을 추구한다.

마키 후미히코

Maki & Associates 대표. 도쿄대 건축학과 교수를 역임했다. 1993년 프리츠커상을 수상했고, 교토국립근대미술관, 힐사이드 테라스 등을 설계했다. 특히 힐사이드 테라스는 30년 동안 지어진 건물로 건물과 도시의 맥락이 어떻게 연결되는지를 상징적으로 보여준다.